Die ganze Welt der

UHREN

Aus dem Französischen von Marie-Therese Hartogs
und Ursula Rahn-Huber
Gesamtherstellung: Naumann & Göbel Verlagsgesellschaft mbH, Köln
ISBN 3-625-10590-X

Die ganze Welt der

UHREN

Jean Lassaussois • Gilles Lhote

NAUMANN & GÖBEL

TAG HEUER
200 METERS
swatch SWISS
OMEGA
Louis Brandt

INHALT

Vorwort

Wir möchten Sie mit diesem Bildband einladen, die Begeisterung für schöne Armbanduhren mit uns zu teilen und Ihnen die berühmtesten Stücke und renommiertesten Hersteller vorstellen. Da es uns unmöglich ist, sämtliche Marken aufzuführen, haben wir uns ganz bewußt auf die ältesten Fabrikate beschränkt, jene Mythen der Uhrmacherkunst, deren Fertigung über die Jahrhunderte ununterbrochen fortgesetzt wurde. Auch bei den Uhren selbst haben wir uns auf solche Modelle konzentriert, die einen bestimmten Seltenheitswert aufweisen, besonders originell erscheinen und für den Hersteller repräsentativ sind. Eine so spannende und faszinierende Materie wie die Welt der Armbanduhren läßt sich natürlich nicht in einem einzigen Werk umfassend behandeln, zumal schon eine einzelne Uhr, wie die berühmte Kultuhr Reverso von Jaeger LeCoultre, eine eigene Monographie verdient, wie Manfred Fritz eindrucksvoll bewies, aber es kann ein Einstieg sein in eine neue Sammlerleidenschaft.

Auf unserem Streifzug durch die Welt der Uhren lernen wir zunächst einige lebende Legenden kennen, alte Chronographen, die sich bei kundigen Sammlern im letzten Jahrzehnt besonderer Beliebtheit erfreut haben. Dann begeben wir uns in die Schweiz, dorthin also, wo seit nunmehr fast zweihundert Jahren die großen Meister der Uhrmacherei nach absoluter Vollkommenheit streben.
Wir präsentieren Ihnen die legendäre Firma Audemars Piguet und ihre Royal Oak mit der Seriennummer 001 – ein einzigartiges Stück, das zu besitzen wohl der Traum eines jeden Sammlers ist und das Modell Fleetwood von Baume & Mercier. Wir stellen Ihnen Abraham-Louis Breguet vor, den genialen französischen Erfinder, der weltweit zu einem der renommiertesten Uhrmacher wurde und Leon Breitling mit seinem unvergeßlichen Modell Old Navitimer, das Zeugnis von den fliegerischen Ambitionen seines Schöpfers ablegt. Und last not least folgt Louis Cartier, der 1904 für seinen Fliegerkameraden Santos-Dumont eine elegante und funktionelle Uhr schuf, deren zeitloses Design die Generationen überdauert hat.
Ein Sprung über den großen Teich führt uns zu Hamilton, dem Pionier der Armbanduhren für Pioniere der Eisenbahn, der später zum offiziellen Ausstatter der US-Army avancierte. Bei der Landung in der Normandie trugen die GIs die berühmten Stahluhren dieser Marke am Handgelenk. Dem legendären Uhrwerk des Amerikaners Jones, dessen Schaffen in der „Il Destriero Scafusia“, dem Chronographen mit den

einundzwanzig Funktionen, seinen triumphalen Höhepunkt findet, ist das folgende Kapitel gewidmet. Und natürlich darf auch die international renommierte Manufaktur Jaeger-LeCoultre nicht fehlen, deren Namen seit vierundsechzig Jahren mit dem Modell Reverso verbunden ist, und die darüberhinaus auch Rohwerke für andere große Marken herstellt. Desweiteren präsentieren wir Ihnen Longines, ein Name, der mit dem von Charles Lindbergh und der Stundenwinkeluhr assoziiert wird und die Firma Omega, die in die Geschichtsbücher der Welt einging, als Neil Armstrong mit einer Speedmaster den Mond betrat. Der legendäre Uhrmacher Patek Philippe, der die wohl kompliziertesten Meisterwerke seiner Gilde schuf und dessen Name auch heute noch zu den berühmtesten in der Schweiz gehört, wird gefolgt von Hans Wilsdorf und seiner Rolex, der 1927 der entscheidende Durchbruch gelang, als die englische Schwimmerin Mercedes Gleitze mit der ersten wasserdichten Uhr, einer Rolex Oyster, den Ärmelkanal durchschwamm. Ihr folgten die Duo-Dial-Modelle Rolex Prince und Railways. In dieser Reihe der Superlative findet auch Swatch einen Platz, nicht nur, weil in den letzten zehn Jahren 100 Millionen Exemplare dieser Marke verkauft wurden, sondern auch, weil wir es hier mit der revolutionären Uhr der Jahrtausendwende zu tun haben. Eine freche und provokante, aber dennoch qualitativ anspruchsvolle Uhr, um die sich die Sammler geradezu reißen. Besonderes Augenmerk schenken wir der Firma TAG Heuer mit ihrer avantgardistischen Technik, die sich einen festen Platz bei Sportwettkämpfen, in olympischen Arenen und auf den Rennpisten der Formel 1 erobert hat. Und schließlich kommen wir zu Zenith, dem Schöpfer des unvergleichlichen Chronographen El Primero, dessen Automatikwerk 38 000 Halbschwingungen pro Stunde aufweist. Natürlich darf auch ein Ausblick auf die Meisterwerke der Moderne nicht fehlen. Wir stellen Ihnen ein paar besondere Exemplare aus dem Raritätenkabinett vor, darunter auch Modelle eines jungen Meisters der Uhrmacherei, dessen Name in aller Munde ist: Franck Muller. Er hat erst vor kurzem mit seiner phantastischen Cintrée Curvex eine Uhr mit zweiter Zeitzone und zweiter springenden Stunde sowie Mondphasenanzeige herausgebracht.

Für neue Freunde der Armbanduhr finden Sie im Anhang ein ausführliches Glossar mit fachterminologischen Erklärungen.

ALTE SAMMLERSTÜCKE

DIE FASZINATION DER MECHANIK

Es gab Zeiten, da hätte ein Uhrmachermeister seine Seele verkauft, um hinter das Geheimnis einer Uhr mit automatischem Aufzug zu kommen. Heute, wo bereits alles erfunden zu sein scheint, steigt paradoxerweise die Zahl jener Uhrenliebhaber, die beim Anblick eines mechanischen Werkes in nostalgische Schwärmerei verfallen. Haben wir es hier mit einer Modeerscheinung oder einem Wiederaufleben der Vergangenheit zu tun? Völlig unbeirrt von dieser Frage ticken die prachtvollen mechanischen Uhrwerke weiter. Sie haben die Patina, den Charme und die Anziehungskraft jener Liebhaberstücke, die den Zeitenwechsel überdauert haben. Ob einfach oder kompliziert – selbst die Generation des Quarzzeitalters kann sich ihrer Faszination nicht entziehen. Um ihretwillen reisen Sammler in alle Welt, stets auf der Suche nach einem außergewöhnlichen Stück. Ein jeder von ihnen hat seine besondere Vorliebe. Der eine ist auf Militäruhren spezialisiert, ganz gleich ob amerikanischer, deutscher oder französischer Provenienz. Ein anderer träumt von Fliegerchronographen oder großen „Komplikationen", so der Fachausdruck für besonders komplexe Werke aus renommiertem Hause. Wieder andere haben sich auf Schmuckuhren für Damen spezialisiert, die oft wahre Kunstwerke sind. Allen aber ist eines gemeinsam: Sie sind der Faszination der Mechanik erlegen. Ganz gleich, ob es sich nun um eine große Marke handelt – eine Kleinigkeit kann sie betören, ein bestimmtes Design, ein elegantes Gehäuse, ein filigranes Zifferblatt, die Form des Armbandes oder einfach nur, wie die Uhr sich anfühlt ... Uhrensammler sind nicht zwangsläufig Fachleute oder Millionäre: Leidenschaft und Jagdinstinkt folgen keinen präzisen Kriterien. In diesem ersten Kapitel stellen wir ihnen eine kleine Auswahl alter Uhren vor, die uns persönlich ganz besonders gefallen. In den weiteren Kapiteln werden wir Sie von Marke zu Marke führen und Ihnen noch viele Modelle zeigen, von eher bescheidenen bis hin zu den allerberühmtesten.

Dieser Auricoste-Chronograph mit verschraubtem Stahlgehäuse, Typ 20, gehörte von 1950 bis 1955 zur Standardausrüstung der französischen Armee. Er hat einen Minutenzähler bei 3 und einen Sekundenzähler bei 9. Weitere Merkmale: sofortige Rückstellung des laufenden Sekundenzeigers, Plexiglasabdeckung.

MAL MILITÄRISCH, MAL ZIVIL

Klassische Omega-Uhr im Stil der siebziger Jahre mit mechanischem Werk, Mineralglas und weißem Zifferblatt mit römischen Ziffern. Hier mit einem Armband aus schwarzem Krokodilleder.

Breitling-Chronograph mit Stahlgehäuse aus den fünfziger Jahren mit verschiedenen Tachy- und Telemeterskalen, Minuten- und Sekundenzähler; Zifferblatt hinter Plexiglas geschützt.

Die elegante, tonneauförmige Curvex von Longines stammt aus den vierziger Jahren. Mechanisches Werk, Gehäuse aus Gold, Mineralglas und Krokodillederarmband. Originellstes Detail: Die arabischen Ziffern sind handgemalt.

Noch eine Longines, diesmal aus der Serie Conquest, hergestellt zwischen 1960 und 1965. Gehäuse aus Gold, automatisches Werk, mit Datumsanzeige bei 12, Sekundenzeiger und Lederarmband.

Diese Longines mit Goldgehäuse aus dem Jahr 1920 ist eine echte Rarität. Mechanisches Werk und Zifferblatt in Emaille. Kleiner Sekundenzähler bei 6. Armband aus Straußenleder.

Chronograph mit Stahlgehäuse von Longines aus den fünfziger Jahren. Der Drücker ist bei 2 angeordnet. Das Zifferblatt weist verschiedene Tachy- und Telemeterskalen auf. Armband aus Straußenleder.

Elgin-Armbanduhr aus den zwanziger Jahren, Gehäuse aus ziseliertem Silber, kleiner Sekundenzähler bei 6, arabische Ziffern. Elgin ist eine alte amerikanische Firma, die 1864 gegründet wurde und bis in die fünfziger Jahre hinein Uhren fertigte.

Chronograph mit Stahlgehäuse von Pierce aus den dreißiger Jahren. Drücker bei 4, Minutenzähler bei 12, Zentralsekunde und zusätzlicher kleiner Sekundenzähler bei 6

LONGINES UND ANDERE MARKEN

Hier ein Lindbergh-Modell von Longines aus den fünfziger Jahren. Das zentrale Zifferblatt erlaubt die Berechnung der Flugzeugposition über Stundenwinkel und läßt sich mit der bei 2 angeordneten Krone einstellen.

Longines-Damenuhr von 1940 mit Golddoublégehäuse und mechanischem Werk. Als Besonderheit weist sie eine mit Hilfe der bei 1 angeordneten Krone einstellbare innere Lünette auf.

Seltener Chronograph von Longines mit Rattrapante aus den vierziger Jahren. Der Schleppzeiger ermöglicht eine doppelte Zeitmessung oder die Berechnung einer Zwischenzeit. Darüberhinaus ist die Stundendauer auch in Zehntelstunden ablesbar.

Movado aus den fünfziger Jahren, Gehäuse aus Gold. Besonders originell die Anzeigen für Tag/Monat/Datum. Die Tage des Monats sind am äußeren Rand des Zifferblattes angeordnet. Wochentag und Monat erscheinen in den beiden Fenstern. Die Uhr weist ein Armband aus Straußenleder auf.

Dieser Militärchronograph von Auricoste wurde in den fünfziger Jahren im Auftrag der französischen Armee gefertigt. Verschraubtes Stahlgehäuse, direkte Sekundenrückstellung. Weitere Merkmale: zwei Zähler bei 6 bzw. 9, Plexiglasabdeckung.

Old Navitimer – ein berühmter Breitling-Chronograph aus den sechziger Jahren. Er weist eine in beiden Richtungen drehbare Lünette und eine Rechenscheibe des Typs 52 auf. Die drei Zähler sind bei 3, 6 und 9 angeordnet.

FLIEGER-CHRONOGRAPHEN

Junghans-Chronograph aus den fünfziger Jahren. Stahlgehäuse mit beidseitig drehbarer Skalenlünette. Minutenzähler bei 3, Sekundenzähler bei 9.

Dieses Modell der deutschen Firma Hanhart stammt aus den dreißiger Jahren. Es wurde während des Zweiten Weltkriegs von Infanteristen und Navigatoren (nicht von Piloten) getragen. Interessantes Detail: Zum genauen Zeitvergleich bleibt der Sekundenzeiger beim Einstellen der Uhrzeit stehen.

Diese Militäruhr von Hanhart wurde im zweiten Weltkrieg von 1939 bis 1945 von den Piloten der deutschen Luftwaffe getragen. Mechanisches Werk, Gehäuse aus Stahl und Messing, gerändelte Krone.

Äußerst seltener Fliegerchronograph von Breguet aus dem Jahre 1960 mit Stahlgehäuse und drei Zählern. Der Minutenzähler bei 3 ist in Zwanzig-Minuten-Abschnitte unterteilt; der Zeiger ist breiter als bei den beiden anderen Zählern, um das Ablesen zu erleichtern.

Der Militärchronograph Typ 21 von Dodane gehörte in den fünfziger Jahren zur Standardausrüstung der französischen Armee. Die beidseitig drehbare schwarze Lünette erlaubt reflexfreies Ablesen. 30-Minuten-Zähler bei 3, Sekundenzähler bei 9.

DIE MECHANISCHEN CHRONOGRAPHEN

Wunderschöner Vulcain-Chronograph mit Stahlgehäuse aus den dreißiger Jahren. Besonders interessant: Der einzelne Drücker bei 2 und die profilierten stählernen Bandanstöße.

Dieser von Juvenia signierte mechanische Chronograph mit Stahlgehäuse aus den fünfziger Jahren ist besonders originell wegen der Drücker bei 9 und 10, die zum Einstellen des Wochentages und des Datums dienen.

Klassischer Chronograph von Baume & Mercier aus dem Jahre 1965 mit mechanischem Werk. Gehäuse aus Golddoublé und Zifferblatt aus Silber. 30-Minuten-Zähler bei 3, kleine Sekunde bei 9. Krokodillederarmband.

Herrlicher Omega-Chronograph aus den dreißiger Jahren mit Zifferblatt aus weißem Email und mechanischem Werk. Einzeldrücker für Stopp- und Rückstellfunktion bei 2.

Mechanischer Omega-Chronograph mit Stahlgehäuse aus den fünfziger Jahren. 30-Minuten-Zähler bei 3, Sekundenzähler bei 9. Armband aus mattem Krokodilleder.

Dieser Omega-Chronograph von 1920 ist eine echte Rarität. Gehäuse aus Silber, in die Aufzugskrone integrierter Drücker, Rückstellung mit Hilfe des Drückers bei 6.

Dieser Breitling-Chronograph mit verschraubtem Goldgehäuse aus den fünfziger Jahren lief damals unter der Modellbezeichnung Premier. Drei Zähler bei 3, 6 und 9; Leuchtzeiger und Lederarmband.

Wunderschöner Chronograph von Angelus aus den fünfziger Jahren. Gehäuse aus Gold, mechanisches Werk, 45-Minuten-Zähler bei 3, Sekundenzähler bei 9. Armband in Straußenleder.

Militäruhr von Longines aus dem Jahre 1945. Mechanisches Werk, Stahlgehäuse, Kleine Sekunde bei 6. Sekundenstoppfunktion bei Einstellung der Uhrzeit. Leuchtzeiger und -ziffern.

Mechanische Uhr der amerikanischen Marke Waltham von 1925. Stahlgehäuse, Leuchtzeiger, kleine Sekunde bei 6.

MICKY MAUS UND COCA COLA

Amerikanische Coca-Cola-Reklameuhr. Sehr seltenes Stück von 1940, hergestellt von Mailton oder Elgin. Golddoublégehäuse, mechanisches Werk, Leuchtzeiger.

Stoßfeste Breitling-Uhr von 1950 in verschraubtem Goldgehäuse mit Krokodillederarmband. Leuchtziffern und -zeiger hinter Plexiglas.

Nicht signierte Uhr von der Jahrhundertwende – eine echte Rarität. Gehäuse in Silber, Zifferblatt in Emaille. Der durchbrochene Deckel dient als Schutz für das Kristallglas.

Diese äußerst seltene amerikanische Micky-Maus-Uhr mit Stahlgehäuse stammt aus dem Jahr 1925. Die Arme der legendären Maus zeigen die Stunden und Minuten an.

Movado-Chronometer für Damen von 1950. Geschraubte Bandanstöße, Gehäuse in Stahl und Gold, mechanisches Werk mit kleiner Sekunde bei 6.

Mechanische Uhr von Mido aus dem Jahre 1945. Qualitativ ausgesprochen hochwertiges Modell mit Goldgehäuse, kleiner Sekunde bei 6 sowie Leuchtziffern und -zeigern.

Dieser Chronograph mit Stahlgehäuse und mechanischem Werk von Jaeger wurde in den sechziger Jahren vertrieben. Drei Zähler bei 3, 6 und 9, ein zentraler Chronographen-Sekundenzeiger.

Wundervoller mechanischer Chronograph von Pierce aus den fünfziger Jahren mit Golddoubléгehäuse, Chronographenwerk mit Schaltrad, Minutenzähler bei 12, zentralem Chronographenzeiger und kleiner Sekunde bei 6.

Mechanischer Chronograph mit Goldgehäuse aus den fünfziger Jahren. Originell ist das Design der Bandanstöße. Tachymeterskala, 30-Minuten-Zähler bei 3, Sekundenzähler bei 9.

Mechanischer Chronograph von Doxa aus den fünfziger Jahren. Gehäuse in Gold und Stahl, Tele- und Tachymeterskala, Pulsmesser im Zifferblatt integriert, Leuchtziffern und -zeiger.

DIE CHRONOGRAPHEN DER 50ER UND 60ER JAHRE

Prächtiger Chronograph mit Stahlgehäuse von Universal Genève, Modell Aerocompax, aus den fünfziger Jahren, mit 12-Stunden- und 30-Minuten-Zähler sowie kleiner Sekunde bei 9. Seine Besonderheit liegt in einem zusätzlichen von Hand einstellbaren Merkzifferblatt bei 12, mit dem man sich den Zeitpunkt einer Verabredung vormerken kann.

Mechanischer Chronograph mit Golddoubléгehäuse von Baume & Mercier aus den sechziger Jahren. Drei Tachymeterskalen, zwei runde Drücker und zwei Zähler bei 3 bzw. 9 für Minuten und Sekunden.

Mechanischer Chronometer mit Stahlgehäuse aus den fünfziger Jahren mit einem Drücker zwischen 1 und 2, über den sowohl die Stoppfunktion als auch die Rückstellung erfolgt. Der Chronograph läßt sich nach dem Stoppen nicht wieder starten, sondern muß erst zurückgestellt werden.

Mechanischer Chronograph von Longines aus den fünfziger Jahren. Stahlgehäuse, kupferbeschichtetes Zifferblatt, Sprengdeckelboden, Plexiglasabdeckung und Lederarmband.

Mechanische Longines aus den fünfziger Jahren mit Stahlgehäuse. Silbernes Zifferblatt mit arabischen Ziffern, kleine Sekunde bei 6, Plexiglasabdeckung und Krokodillederarmband.

Mechanischer Chronograph von Juvenia aus den fünfziger Jahren. Stahlgehäuse, Stundenzähler bei 6, Minutenzähler bei 3 und Sekundenzähler bei 9, Straußenlederarmband.

Dieser kleine mechanische Chronograph wurde von Eterna in den fünfziger Jahren gefertigt. Schwarzes Zifferblatt, Minuten- und Sekundenzähler, arabische Leuchtziffern und Lederarmband.

Kleine mechanische Militäruhr von Longines aus den vierziger Jahren. Der Sekundenzähler arretiert, wenn die Zeit eingestellt wird. Schwarzes Zifferblatt und arabische Leuchtziffern.

Dieser wunderschöne Chronograph 4 mit drei mechanischen Zählern von Juvenia stammt aus den fünfziger Jahren und weist eine separate Anzeige für Tag/Monat/Datum auf. Der Tag und der Monat erscheinen in den beiden Fenstern, während das Datum am Rand des Zifferblatts durch einen Zeiger angezeigt wird. Die Drücker bei 9 und 10 dienen zur Einstellung des Datums.

Mechanischer Longines-Chronograph aus den vierziger Jahren, dessen auffälligstes Detail das kupferne Zifferblatt ist. Kleine Sekunde bei 9 und 30-Minuten-Zähler bei 3. Plexiglasabdeckung und Lederarmband.

CHRONOMETER DER LUXUSKLASSE

Mechanischer Chronometer von Vulcain aus den vierziger Jahren. Stahlgehäuse und rechteckiger Drücker bei 2. Sekundenzähler bei 9 und Minutenzähler bei 3. Die römischen Ziffern, die geschraubten Bandanstöße und das Krokodillederarmband verleihen dem Modell zusätzliche Klasse.

Mechanischer Jaeger-Chronograph der Spitzenklasse von 1940. Gehäuse in Gold, Zifferblatt in Kupfer. 30-Minuten-Zähler bei 3, Stundenzähler bei 6 und Sekundenzähler bei 9.

CHRONOMETER IM CITYLOOK

Dieser mechanische Chronograph aus der Kollektion Cintrée Curvex mit manuellem Aufzug in Gelbgold ist ein typisches Beispiel für den Stil von Franck Muller. Gehäuse und Uhrglas sind in den Achsen 6-12 und 9-3 nach innen gekrümmt. Die Uhr weist eine zweite Zeitzone mit zweiter springender Stunde auf sowie Mondphasenanzeige.

Dieser mechanische Chronograph mit Platingehäuse wurde von Franck Muller komplett von Hand gefertigt. Es ist das zweite Modell dieses Meisters der Uhrmacherkunst und weist einen ewigen Kalender, eine Mondphasenanzeige und Zeitgleichungsfunktion auf. Die Programmierung reicht bis ins Jahr 2100.

Breitling-Chronograph mit Goldgehäuse und ewigem Kalender aus der Kollektion Old Navitimer. Diese große Komplikation ist mit einer beidseitig drehbaren Lünette mit aeronautischer Rechenscheibe vom Typ 52 ausgestattet. Die Programmierung reicht bis ins Jahr 2100 und zeigt Mondphasen, Jahreszeiten, Wochen, das Jahr, das Datum, den Tag und den Monat an.

Ein weiteres Prachtexpemlar ist dieses von IWC signierte ultraflache mechanische Modell. Besondere Merkmale: ewiger Kalender, Mondphasenanzeige und Platingehäuse. Die Funktionen Tag/Datum/Monat/Jahr lassen sich mit einem einzigen Drücker einstellen.

Dieser Cartier-Chronograph mit Goldgehäuse aus der Linie Tank Américaine wurde zur Messung der exakten Monatsdauer programmiert. Die Datumsanzeige ist bei 12 angeordnet. Das hier abgebildete Modell weist ein Armband aus Krokodilleder auf.

Ewiger Kalender mit Goldgehäuse von Piaget. Das ultraflache Automatikmodell zeigt Monat, Tag, Datum und Mondphasen an. Hier mit Krokodillederarmband.

Von Piaget signierter automatischer Chronograph mit Goldgehäuse und Rattrapante. Dieser zusätzliche Schleppzeiger ermöglicht doppelte Zeitmessungen oder das Messen einer Zwischenzeit. Beide Zeiger lassen sich unabhängig voneinander stoppen. Der Drücker für die Rattrapante-Funktion ist bei 10 angeordnet.

Audemars Piguet

Die Meister der Komplikation

Am 17. Dezember 1881 vereinigten Jules Louis Audemars und Edward Auguste Piguet ihre beiden Familienwappen. Die offizielle Punze der Firma Audemars Piguet et Cie. entstand im darauffolgenden Jahr. Noch im selben Jahr wurde für einen französischen Kunden die erste „Grande Complication" entworfen. 1885 vertrieben die Uhrmachermeister aus dem Dörfchen Le Brassus im schweizerischen Vallée de Joux Taschenuhren mit mehreren Komplikationen. 1928 – ein Jahr vor der großen Wirtschaftskrise, die die Vereinigten Staaten und mit ihnen die ganze Welt in die Knie zwang – zeigte ein Plakat von Audemars Piguet et Cie. ganz deutlich, wo die Firma stand: Unter drei komplizierten Taschenuhren im nüchternen Design war zu lesen: „Niederlassungen in Paris, London, New York, Berlin, Buenos Aires". Während der „Roaring Twenties" gehörte die Schweizer Firma bereits zu den international renommierten Marken – ein Renommee, das sich auf eine Uhr mit Minutenrepetition, ewigem Kalender und Chronograph mit Rattrapante, präsentiert auf der Weltausstellung in Paris im Jahre 1889, gründete. Audemars Piguet hatte bereits die Krise des Uhrenmarktes 1909 und den Ersten Weltkrieg überstanden, und so sollte die Firma auch den Börsenkrach an der Wall Street und den Zweiten Weltkrieg überleben. Mit komplizierten Luxusuhren ging das Unternehmen in die Nachkriegszeit und konnte sich so wieder eine solide finanzielle Basis schaffen. Noch heute reißt sich die wohlhabende Kundschaft aus aller Welt um das Meisterwerk der damaligen Zeit: die „Grande Complication". Was macht es da schon, wenn sie monate- oder gar jahrelang auf die Lieferung der Uhr ihrer Träume warten müssen.

1972 brachte Audemars Piguet die Royal Oak mit Stahlgehäuse und Ankerwerk in 21 Karat Gold heraus – auch heute noch das führende Modell der Marke. In einer Zeit, in der der Quarz die Preise purzeln ließ und die Uhrenindustrie in eine Krise sondergleichen stürzte, setzte Audemars Piguet auf Luxus und Komplikation. Nach der Dual Time von 1981 und den Tourbillon-Uhren von 1986 kam 1992 die unvergleichliche Star Wheel heraus. Mit einem seiner letzten Modelle, der „Triple Complication" mit automatischem Werk, bewies das Unternehmen, daß die große Uhrmachertradition alle Unbilden der Zeit überdauert hat.

Automatischer Chronograph mit 51 Rubinen, Royal Oak, Modell Offshore von 1993. Gehäuse und Armband in Stahl, Tachymeterskala, 28 600 Halbschwingungen pro Stunde, 40 Stunden Gangreserve, wasserdicht bis 100 m.

Royal Oak für Damen in Gold oder Stahl von 1994, Quarzwerk, Armband mit Faltschließe, guillochiertes Zifferblatt in Weiß oder Champagner.

Royal Oak mit automatischem Werk für Herren, Modell 1992, in Stahl mit Lederarmband, guillochiertem Zifferblatt, Leuchtzeigern und -stundenzeichen sowie geschraubter Krone. Wasserdicht bis 50 m.

Royal-Oak-Damenuhr mit Quarzwerk, Gehäuse in 18 Karat Gold, Modell 1994.

Royal-Oak-Herrenuhr in Tantal und Rotgold von 1993, mit Datumsanzeige bei 3.

Royal Oak mit Stahlgehäuse und Quarzwerk von 1985. Die Stunden werden mit Diamantbaguetten angezeigt. Armband mit Sicherheitsschließe. Wasserdicht bis 100 m.

Die Royal Oak Dual Time mit automatischem Werk und Gangreserveanzeige ist seit ihrem Erscheinen im Jahre 1992 ein Erfolgsmodell. Hier in 18 Karat Gold mit zwei Zeit- und Datumszonen. Wasserdicht bis 50 m.

Royal Oak Dual Time in Gold und Stahl von 1991. Die technischen Daten sind identisch mit denen des Modells ganz in Gold.

Royal Oak in Tantal und Rotgold von 1990. Ultraflaches automatisches Werk, Datumsanzeige bei 3, wasserdicht bis 50 m.

DIE ROYAL-OAK-SERIE

Diese bestechend schöne Royal Oak von 1983 in Stahl verfügt über Anzeigen für Tag, Monat, Datum und Mondphasen unter Berücksichtigung von Schaltjahren. Wasserdicht bis 20 m.

Royal Oak Dual Time von 1991 mit Stahlgehäuse und automatischem Werk. Wasserdicht bis 50 m.

Royal Oak in Stahl mit automatischem Werk, von 1984, mit einfachem Kalendarium Tag/Datum und Mondphasenanzeige. Wasserdicht bis 100 m.

Royal Oak für Damen von 1985 mit ultraflachem, automatischen Werk und handgefertigtem Armband.

Royal Oak für Herren von 1987 in Gold mit Diamanten. Quarzwerk, Lünette und Zifferblatt mit runden Diamanten, Armband mit Diamant-Baguetten besetzt. Wasserdicht bis 50 m.

Diese Royal Oak für Damen mit Quarzwerk entspricht dem links abgebildeten Herrenmodell, es fehlen jedoch die Diamant-Baguetten am Armband.

Royal Oak für Damen mit ultraflachem Quarzwerk, mit Diamanten besetzte Weißgoldlünette. Zifferblatt aus Perlmutt mit Diamanten, davon drei als Baguetten.

Royal Oak für Damen mit Quarzwerk, Gold und Stahl, Lünette diamantbesetzt, zehn diamantene Stundenzeichen, Datumsanzeige bei 3.

DIE SCHMUCKUHREN

Royal Oak für Damen mit Quarzwerk, Modell 1980, Gehäuse und handgefertigtes Armband in 18 Karat Gold.

Royal Oak für Herren mit Quarzwerk, Modell 1985, Gehäuse und handgefertigtes Armband in 18 Karat Gold.

Royal Oak für Herren, Modell 1990, Werk mit automatischem Aufzug, Gehäuse und Armband in 18 Karat Gold.

Royal Oak für Damen, Modell 1985, Werk mit automatischem Aufzug, Gehäuse und Armband in 18 Karat Gold.

AUDEMARS PIGUET
KOMPLIKATIONEN

Eine absolute Rarität: Ewiger Kalender in Gelbgold, mit ziseliertem, durch einen Ausschnitt im Zifferblatt sichtbaren Werk. Dieses skelettierte Modell aus dem Jahre 1993 ist eines der kompliziertesten, das Audemars Piguet je geschaffen hat.

Automatischer Chronograph von 1994 mit ewigem Kalender, Mondphasenanzeige und diamantbesetzter Platinlünette.

Dieses Werk aus dem Jahre 1991 mit ewigem Kalender ist das flachste und kleinste der Welt. Das rechteckige Platingehäuse erinnert an die Modelle der zwanziger Jahre.

Ein extrem seltenes Modell: Star Wheel von 1991 in Gelbgold mit automatischem Werk. Die Stunden- und Minutenanzeige erfolgt mit Hilfe von drehbar angeordneten gravierten Glasscheiben oben im weißen Feld des Zifferblatts. Im Augenblick ist es beispielsweise 11 Uhr 45.

Ausgesprochen klassische Kalenderuhr mit mechanischem Aufzug von 1983, in Gelbgold, mit zwei Zählern für Tag und Datum sowie Mondphasenanzeige bei 6. Wasserdicht bis 30 m.

Goldene Uhr von 1978 mit ewigem Kalendarium für Tag/Datum/Monat und Mondphasenanzeige.

Automatische Dual Time in Gelbgold von 1990 mit zwei Zeitzonen, Gangreserve und Datumsanzeige an dem kleinen Zähler bei 2.

Wundervoller Chronograph in 18 Karat Gold aus dem Jahre 1985. Automatikwerk mit Rotor in 21 Karat Gold, Datumsanzeige im Fenster bei 3. Auf dem äußeren Zifferblattrand ist eine Tachymeterskala angeordnet. Schwarzes Krokodillederarmband mit Faltschließe.

Äußerst seltene skelettierte Uhr mit Goldgehäuse, ewigem Kalender für Tag/Monat/Datum und Mondphasenanzeige. Armband aus Krokodilleder mit goldener Faltschließe.

BAUME & MERCIER

EINE ELEGANTE VERBINDUNG

Bereits in der Zeit von 1834 bis 1914 wurden die Chronographen von Baume bei großen internationalen Ausstellungen mit zahlreichen Preisen ausgezeichnet. Ende des Ersten Weltkriegs erfolgte der Zusammenschluß von William Baume, Chef der Uhrenmanufaktur im schweizerischen Blois, und Paul Mercier. Fortan widmeten Baume und Mercier ihre ganze Aufmerksamkeit der Kombination von ästhetischem Design und hochwertiger Uhrmacherkunst. In den vierziger Jahren übernahm der Geschäftsmann Constantin de Gorsky die Leitung des Unternehmens Baume & Mercier. Wie seine illustren Vorgänger setzte auch er auf den Ausbau des Geschäftsbereichs Schmuckuhren für Damen. Gleichzeitig konnte die Firma mit ihren funktionellen, eleganten und zugleich stilvollen Modellen mit umfangreichen Funktionen wie Kalender, Tachy- und Telemeterskalen große Erfolge auf dem französischen und britischen Markt verbuchen. Es gab sogar Uhren speziell für angelsächsische Reisende und Geschäftsleute, die einen eigenen Telefongebührenzähler integriert hatten. Anfang der sechziger Jahre brachte der Zusammenschluß mit Piaget neuen Schwung ins Unternehmen. Für Baume & Mercier ein absoluter Erfolg. Das besondere Augenmerk galt nun ultraflachen Uhren und Chronographen für Damen. Spitzenmodell der siebziger Jahre war die Riviera mit ihrem zwölfeckigen Gehäuse. Weitere erfolgreiche Kollektionen folgten mit Linéa, Absolu und Shogun. Die neunziger Jahre stehen ganz im Zeichen des Luxus mit Transpacific und den Modellen Fleetwood, nicht zu vergessen die neuen Chronographenserien für Damen in Gold oder Stahl.

Modell Hampton von 1994 mit elegantem, rechteckigen Gehäuse und einem mit Faltschließe gehaltenen Armband in Stahl. Die Uhr ist mit einem Schweizer Quarzwerk ausgestattet und das kupferne Zifferblatt mit kleiner Sekunde bei 6 ist hinter Saphirglas geschützt. Es gibt die Uhr auch mit anthrazitfarbenem oder weißem Zifferblatt und Lederarmband mit oder ohne Faltschließe.

RIVIERA, LINEA, TRANSPACIFIC

Riviera von 1973 mit zwölfeckigem Stahlgehäuse – eine Ecke für jede Stunde, mit Datumsanzeige bei 6. Es gibt sie mit Quarz- oder Automatikwerk.

Transpacific, Chronograph mit Gold- oder Stahlgehäuse und automatischem Werk von 1990. In das kratzfeste Saphirglas ist zur Vergrößerung der Datumsanzeige bei 3 eine Lupe integriert. Die Uhr gibt es auch mit weißem Zifferblatt.

Riviera mit Quarzwerk von 1973 mit Stahlarmband und zwölfeckigem Gehäuse. Saphirglas, weißes Zifferblatt mit römischen Ziffern, Datumsanzeige bei 6. Wasserdicht bis 30 m.

Der Automatikchronograph Destra von 1993 gehört zur 1991er Sportserie aus dem Hause Baume & Mercier. In die äußere Lünette ist eine Tachymeterskala eingraviert, die drei Zähler sind bei 6, 9 bzw. 12 angeordnet.

Diese Damenarmbanduhr aus der Kollektion Linéa kam 1987 auf den Markt. Es handelt sich hier um eines der Erfolgsmodelle der Schweizer Uhrenmanufaktur. Das Gehäuse ist eine Kombination aus Golddoublé und Stahl.

Ein weiteres Damenmodell aus der Kollektion Linéa mit Quarzwerk, Saphirglas und schwarzem Zifferblatt. Das Stahlarmband wird mit einer Faltschließe gehalten.

Herrenarmbanduhr aus der Kollektion Linéa, hier mit Gehäuse und Armband in Stahl. Quarzwerk. Wasserdicht bis 30 m.

Auch dies eine Linéa für Herren mit Stahlgehäuse und Stahlarmband. Weißes Zifferblatt. Technische Merkmale wie bei den übrigen Modellen dieser Kollektion.

DER CITYLOOK

Das Modell Bagatelle mit Gehäuse und Armband in 18 Karat Gold ist ein echtes Schmuckstück. Quarzwerk, Saphirglas, weißes Zifferblatt mit römischen Ziffern.

Modell aus der Kollektion Monthillaut mit Goldgehäuse und glänzendem Louisiana-Krokodillederarmband. Quarzwerk. Wasserdicht bis 30 m.

Linéa für Damen mit Gehäuse und Armband in Golddoublé. Zifferblatt in Perlmutt. Ab 1995 wurde diese Version durch ein Modell in Massivgold abgelöst.

Quarzuhr mit Goldlünette und guillochiertem Zifferblatt in irisierendem Grau. Wasserdicht bis 30 m.

Klassische Baume & Mercier-Herrenarmbanduhr mit Quarzwerk, weißem Zifferblatt und Krokodillederarmband. Wasserdicht bis 30 m.

Damenuhr aus der Kollektion Richemont mit Armband aus mattem Eidechsenleder und farblich abgesetzten Steppnähten. Graues Zifferblatt mit römischen Ziffern hinter Saphirglas. Wasserdicht bis 30 m.

Modell Hampton von 1994 mit Stahlgehäuse und Quarzwerk. Hier mit anthrazitfarbenem Zifferblatt mit kleiner Sekunde bei 6. Lederarmband mit Faltschließe in Stahl.

Transpacific mit Stahlgehäuse. Weißes Zifferblatt mit drei blauen Zählern. Diese Uhr gibt es auch mit Lünette mit Tachymeterskala anstelle der römischen Ziffern.

Riviera für Herren mit dem für diese Kollektion typischen zwölfeckigen Gehäuse. Automatikwerk und Krokodillederarmband mit Faltschließe.

KLASSIKER FÜR SIE UND IHN

Baume & Mercier Riviera für Damen von 1973. Gehäuse und Armband in Stahl, Quarzwerk.

Ultraflache Quarzuhr mit Goldgehäuse und champagnerfarbenem Zifferblatt. Saphirglas und Eidechsenlederarmband.

Linéa für Herren in Golddoublé und Stahl. Seit 1987 eines der Erfolgsmodelle von Baume & Mercier.

Linéa für Damen mit Zifferblatt und Armband in Stahl. Technische Daten wie bei den zuvor gezeigten anderen Modellen dieser Kollektion.

Schmuckausführung des Riviera-Damenmodells mit diamantbesetzter Lünette. Wasserdicht bis 30 m.

Chronograph der Kollektion Riviera mit Quarzwerk. Gehäuse und Armband in Gold, Datumsanzeige in dem Zähler bei 12. Der ewige Kalender berücksichtigt Schaltjahre.

Quarzuhr für Damen aus der Kollektion Corinthe mit Goldgehäuse und diamantbesetzter Lünette. Auffälliges Detail: die beiden Saphire an den Bandanstößen. Zifferblatt aus Perlmutt mit vier Diamanten zur Stundenanzeige.

Schmuckausführung des Modells Birmane. Je eine Triade aus Rubin, Saphir und Smaragd an den Bandanstößen, diamantbesetzte Lünette, Zifferblatt mit vier Diamanten zur Stundenanzeige, Goldarmband.

Modell Absolu für Damen mit Quarzwerk, rechteckiges Gehäuse in 18 Karat Gold mit Armband im Wabenmuster. Saphirglas, weißes Zifferblatt mit römischen Ziffern.

Modell Absolu für Herren in 18 Karat Gold. Übrige Merkmale wie bei nebenstehendem Modell.

Quarz-Chronograph der Kollektion Riviera mit Gehäuse und Armband in Gold sowie programmiertem ewigem Kalendarium. Technische Daten wie bei den übrigen Modellen dieser Serie.

Schmuckversion mit diamantbesetzter Lünette. Zifferblatt mit zwölf Diamanten zur Stundenanzeige, Armband im Reiskornmuster, Quarzwerk. Wasserdicht bis 30 m.

DIE SCHMUCKKOLLEKTION

Modell Éphèse für Damen mit diamantbesetzter Lünette, Saphir-Baguetten an den Bandanstößen und Zifferblatt mit zwölf Diamanten zur Stundenanzeige. Wasserdicht bis 30 m.

Die Lünette der Damenuhr Bohême ist gleich doppelreihig mit Diamanten besetzt. Goldarmband mit Diamant-Triaden an den Bandanstößen.

Auch hier eine Bohême mit denselben Charakteristika wie bei dem Modell links, diesmal jedoch mit saphirbesetzten Bandanstößen und weißem Ziffernblatt.

Modell aus der Sportserie von 1972-1973. Die Besonderheit: ein Accutron-Stimmgabelwerk (der Vorläufer des Quarzwerks) mit einer Frequenz von 300 Hertz. Die beiden Fenster für die Anzeige von Tag und Datum sind bei 3 plaziert.

Quadratische Automatikuhr aus den fünfziger Jahren mit Zentralsekunde. Gehäuse in Gold, Zifferblatt hinter gewölbtem Mineralglas geschützt.

Uhr mit mechanischem Aufzug aus den sechziger Jahren, mit Goldgehäuse und kleiner Sekunde bei 6. Plexiglasabdeckung und römische Ziffern.

Wunderschöne Automatikuhr aus den sechziger Jahren mit quadratischem Gehäuse in Weißgold und Lederarmband.

Herrlicher Chronograph mit Stahlgehäuse aus den vierziger Jahren mit Kalendarium und Mondphasenanzeige. Tag und Monat werden in den beiden Fenstern bei 12, das Datum mittels Zeiger am Rand des Zifferblatts angezeigt.

Kleiner quadratischer Chronograph aus den vierziger Jahren mit mechanischem Werk. Der 30-Minuten-Zähler ist bei 3, der Sekundenzähler bei 9 angeordnet. Zentraler Chronometerzeiger.

Mechanischer Chronograph aus den siebziger Jahren mit Gehäuse in Gold und Stahl. Die Datumsanzeige ist bei 12 angeordnet. Das Zifferblatt weist eine Tachymeterskala auf.

Ein prachtvoller Chronograph mit Stahlgehäuse von 1947 mit Kalendarium für Tag/Datum/Monat, 30-Minuten- und 12-Stunden-Zähler. Das Zifferblatt weist eine Tachymeterskala auf.

Äußerst seltener Chronograph mit Goldgehäuse aus den fünfziger Jahren, mit Mondphasenanzeige, komplettem Kalendarium und zwei Zählern bei 3 bzw. 9. Wie bei dem Modell auf der vorigen Seite wird das Datum auch hier mittels Zeiger am Rand des Zifferblatts angezeigt.

Eine echte Rarität: Quadratische Uhr aus den fünfziger Jahren mit gekrümmtem Weißgoldgehäuse. Einfaches Kalendarium mit kleiner Sekunde bei 6.

DER ERFINDER DES TOURBILLONS

Marie-Antoinette, Louis XVI., Napoleon, Friedrich Wilhelm von Preußen, Herzog von Wellington, Poniatowski, Ney, Pozzo di Borgo, Marlborough, Rothschild, Alexandre Dumas, Arthur Rubinstein, Ettore Bugatti, Winston Churchill, Farouk – Seit zwei Jahrhunderten schwören Kaiser, Königinnen und Könige, Staatschefs, Prinzen und Fürsten, Herzöge und Grafen, Generäle, Künstler, Schriftsteller und Sportler auf Breguet.

Der Rückdeckel der goldenen Uhr mit sichtbarem Tourbillon-Werk trägt die Gravierung: „Régulateur à tourbillon", also Tourbillon-Regulator, und weist bereits alle zu Beginn des 19. Jahrhunderts bekannten Komplikationen auf: Sekundenanzeige und Gangreserve. Sie entstammt dem Besitz des Grafen Stanislaw Potocki, der sie am 12. Februar 1809 in Sankt Petersburg für 4.600 Francs erworben hatte. Dieses Meisterwerk der Uhrmacherkunst ist ebenso in die Geschichte des Hauses Breguet eingegangen wie jene berühmte Uhr, die 1783 im Auftrag von Marie-Antoinette gefertigt wurde – ein Modell mit automatischem Aufzug und ewigem Kalender, Minutenrepetition, Zeitgleichung, Thermometer und Gangreserve –, um dann 1983 aus dem Jerusalemer Institut für islamische Kunst gestohlen zu werden. Der geniale Meister seines Fachs, Abraham-Louis Breguet, hat die Uhrmacherkunst entscheidend mitgeprägt: 1790 erfand er die Stoßsicherung, 1795 das Tourbillon und die Spirale und 1798 die freie Hemmung mit konstanter Kraft. Ihm haben wir auch die nautische Uhr mit doppeltem Federhaus zu verdanken. Nach dem Tod des „nautischen Uhrmachers" im Jahre 1823 übernahm zunächst der Sohn, später der Neffe Breguets das Unternehmen. Letzterer schloß sich mit der englischen Familie Brown zusammen.

Der Chronometer mit der Nummer 3357 in Gold mit Tourbillon, am 28. Oktober 1846 fertiggestellt und am 25. November 1959 an L.H. Dulles für 9 000 Francs verkauft – auch er ist Teil der Legende des Hauses Breguet, ebenso wie die neue Generation von Skelettuhren mit Tourbillon, die automatischen Modelle der Serie Marine und die Uhren mit Zeitgleichung.

1815 wird der Begründer der Marke, Abraham-Louis Breguet, zum offiziellen Lieferanten der Marine ernannt. Die hier gezeigte Kollektion von Uhren und Chronographen erinnert an dieses Ereignis. Rechts ein Automatikchronograph mit Gehäuse in 18 Karat Gold (Gesamtgoldgewicht 67 Gramm) und blauem Krokodillederarmband mit Faltschließe. Die Breguet-Zeiger sind eines der Markenzeichen des Hauses.

DIE KOLLEKTION MARINE

Halbautomatische Marine von 1992 in Gold mit Goldarmband. Die Lünette, die Mittelglieder des Armbands und die Bandanstöße sind mit Diamanten besetzt. Zifferblatt aus Perlmutt, Datumsanzeige bei 6.

Dieser automatische Marine-Chronograph in Gold (für Gehäuse und Armband wurden insgesamt 162 Gramm 18-karätiges Gold verarbeitet) wurde erstmals 1991 in Basel präsentiert.

Diese automatische Marine-Damenuhr in Gold und Stahl stammt aus der 1993er Kollektion von Breguet.

Automatische Marine von 1988, Gehäuse und Armband in 18 Karat Gold, Rotor in 21 Karat Gold. Datumsanzeige bei 6. Wasserdicht bis 50 m.

Automatischer Marine-Chronograph von 1992 in mittlerer Größe mit Gehäuse und Armband in 18 Karat Gold. Wie alle Stücke aus dem Hause Breguet, weist auch dieses Modell die typischen Rundloch-Zeiger auf, die zum Markenzeichen einer der berühmtesten Uhrenmanufakturen Europas geworden sind.

Automatikuhr in Gold von 1992 mit ewigem Kalender und Zeitgleichung. Die Differenz zwischen mittlerer und tatsächlicher Sonnenzeit ist an dem Pfeil zwischen 1 und 2 abzulesen. Der Tag wird in dem Fenster bei 12 angezeigt. Auch hier erfolgt die Einstellung des Kalenders mit Hilfe eines Schlüssels, der am Armband befestigt ist.

Dieses automatische Modell in Platin mit ewigem Kalender entstand im Jahre 1987. Der Kalender wird mit Hilfe eines am Armband befestigten Schlüssels eingestellt. Die Mondphasenanzeige befindet sich bei 6. Jede Uhr dieser Kollektion ist auf dem Zifferblatt und dem Rückdeckel numeriert.

Automatikuhr von 1981 in Platin mit Mondphasenanzeige und Kalendarium für Tag/Datum/Monat. Das Datum wird mit dem gewellten Serpentinenzeiger angezeigt.

Chronograph in Platin von 1984 mit 30-Minuten-Zähler bei 3 und kleiner Sekunde bei 9.

Automatikuhr in Platin von 1988 mit Kalender für Tag/Datum und Mondphasenanzeige. Die exzentrische Anordnung des Zifferblatts ist eine weitere Besonderheit von Breguet.

Uhr in Platin und Rotgold von 1989 mit sichtbarem Tourbillon-Werk. Exzentrischer Ziffernkreis und verdeckte Signierung des Meisters.

Uhr in Weißgold mit sichtbarem Tourbillon-Werk und massivem ziselierten Rückdeckel. Das Modell entstand 1989 und weist dieselben technischen Merkmale auf wie die oben gezeigte Tourbillon-Uhr.

Automatikuhr in Platin von 1982 mit Mondphasen-, Datums- und Gangreserveanzeige. Die Schreibweise der römischen 4 ist eine weitere Besonderheit der Marke.

Ein seltenes Stück: Skelettierte Uhr mit Tourbillon – eine Erfindung des genialen Uhrmachermeisters und Markengründers Abraham-Louis Breguet. Gehäuse in Weißgold, exzentrische Anordnung des Zifferblatts.

Rückansicht der skelettierten Tourbillon-Uhr. Dank des transparenten Rückdeckels sind die handgefertigten und -gravierten Bestandteile des Uhrwerks deutlich zu sehen. Ein echte Meisterleistung der Goldschmiedekunst.

KLASSISCHE KOMPLIKATIONEN

Ausgesprochen klassisches, ultraflaches Modell von 1982 in Gelbgold mit automatischem Werk und schwarzem Krokodillederarmband.

Uhr mit mechanischem Werk in Gelbgold von 1986. Die Mondphasenanzeige ist exzentrisch angeordnet und die kleine Sekunde befindet sich bei 6.

Automatikuhr von 1986 in Gelbgold mit kleinem Ziffernkreis in der Mitte und Datumsanzeige bei 6.

Mechanische Uhr in Gelbgold mit exzentrischer Mondphasenanzeige. Kleine Sekunde bei 6, Gangreserve zwischen 10 und 11.

Mechanische Uhr in Gelbgold von 1989 mit Gangreserve zwischen 10 und 11 und kleiner Sekunde bei 6. Schwarzes Krokodillederarmband.

Kleine Damenuhr mit mechanischem Werk von 1988. Gehäuse und Armband mit Rubinen (0,68 Karat) und Diamanten (0,91 Karat) besetzt.

Automatische Uhr von 1992 aus der Kollektion Haute Joaillerie. Armband und Gehäuse in Gold, mit Rubinen (6,80 Karat) und Diamanten (3,90 Karat) besetzt.

Mechanische Damenuhr von 1988. Lünette, Bandanstöße und Schließe in Gold, mit Diamanten (1,60 Karat) besetzt. Das Kettenarmband in Gold ist ein typisches Breguet-Design.

Mittelgroße Automatikuhr von 1922 aus der Kollektion Haute Joaillerie. Armband und Gehäuse in Gold, mit Rubinen und Diamanten besetzt.

Mittelgroße Uhr mit mechanischem Werk von 1986 in Weißgold. Lünette, Bandanstöße und Schließe mit Diamanten und Saphiren besetzt.

DIE KLASSISCHEN SCHMUCKUHREN

Automatikuhr für Damen wie auf der vorigen Seite, jedoch hier mit Smaragden anstelle von Rubinen besetzt.

Noch einmal das gleiche Modell; diesmal sind die Mittelglieder des Armbands jedoch mit Diamant-Baguetten besetzt.

Mittelgroße goldene Damenuhr von 1986 mit mechanischem Werk. Lünette, Bandanstöße und Schließe mit Diamanten und Smaragden besetzt.

Kleine goldene Damenuhr von 1987. Lünette, Armband, Bandanstöße und Schließe mit Diamanten besetzt.

Mechanische Uhr von 1986. Lünette und Armband in Gold, mit Diamanten (1,65 Karat) und Saphiren (1,35 Karat) besetzt.

Breitling

Die Pioniere des Himmels

Von der Geburtsstunde der Fliegerei über das Düsenzeitalter bis hin zur Eroberung des Weltraums – stets galt es in Fliegerkreisen als etwas Besonderes, eine Breitling zu tragen. Durch bahnbrechende technische Entwicklungen hat Breitling auf seine Weise den Weltraum erobert. Die Firma wurde im Jahre 1884 von Léon Breitling gegründet, der 1914, kurz nach der Entstehung des ersten Armbandchronographen, starb. Zunächst übernahm sein Sohn Gaston, später sein Enkel Willy die Manufaktur in La Chaux-de-Fonds, und unter ihrer Leitung entwickelte sich aus dem Familienbetrieb ein Unternehmen von internationalem Rang und Namen. Bereits 1936 statteten viele Luftfahrtgesellschaften ihre Flugzeuge mit einem Bordchronographen aus, einer Erfindung von Willy Breitling, die sich innerhalb von einem Jahrzehnt durchsetzte. 1941 begann Willy Breitling den berühmten Chronographen mit einem Rechenschieber auszustatten, und 1952 kam es mit dem Modell Navitimer zu einer kleinen Revolution auf dem Uhrenmarkt. Ihren größten Triumph feierte die Marke am 24. Mai 1962, als der amerikanische Astronaut Scott Carpenter eine Navitimer der neuen Generation mit an Bord der Aurora 7 nahm. Den Pionieren des Himmels ist es gelungen, eine Brücke zwischen Zeit und Raum zu schlagen. 1970 wurde die Firma von dem Industriellen und Piloten Ernst Schneider übernommen.

1984, im Jahr des hundertsten Gründungsjubiläums, brachte Breitling einen neuen Chronomaten in limitierter, numerierter Auflage heraus. Im gleichen Jahr bekundete die Firma, die seit langem als Sponsor bei den Weltmeisterschaften im Kunstflug auftritt, beim America-Cup und Welt-Cup 1990 ihr Interesse am Segelsport und Fußball. Unter den neuesten „Glanzstücken" aus dem Hause Breitling sind besonders der Duograph, der Chronograph Astromat Longitude und der Navitimer 92 zu nennen, nicht zu vergessen der höchst gelungene Automatikchronometer in Platin. Aus den Pionieren der Luftfahrt sind längst Veteranen des Erfolgs und der Qualität geworden.

1952 lancierte Breitling den Old Navitimer, hier mit Stahlgehäuse, der speziell auf die Bedürfnisse von Piloten zugeschnitten ist. Das Modell wurde alsbald zum Mythos der Marke. Es ist mit einem Chronographen und einem Rechenschieber des Typs 52 ausgestattet und damit ein echtes Bordinstrument. Es zeigt Steigungs- und Sinkwinkel ebenso an wie den Treibstoffverbrauch und die Durchschnittsgeschwindigkeit der Maschine und ermöglicht neben anderen Rechenfunktionen die Umrechnung von Meilen in Kilometer und das Umrechnen von Währungen.

DIE NEUEN FLIEGERUHREN

Mit der Navitimer Aviastar läßt Breitling den Geist der fünfziger Jahre auferstehen. Bei dem hier gezeigten automatischen Chronographen von 1993 handelt es sich um eine Sportausführung des Navitimer ohne Rechenschieber. Mit diesem Modell gelang Breitling der Sprung von der Propellerära ins Zeitalter der Turboprops. Diese Kaliber Breitling 33 ist mit einer beidseitig drehbaren Lünette ausgestattet und hinter Saphirglas geschützt. Sie ist wasserdicht bis 30 m.

Die Navitimer Airborne von 1993 wurde ganz bewußt mit einem Minuten- und Stundenzähler mit extrem kurzer Laufzeit ausgestattet: 10 Minuten bzw. 3 Stunden. Herzstück dieses Chronographen ist ein Kaliber Breitling 33. Die Ablesbarkeit der Zähler ist außerordentlich gut. Zur Ausstattung gehören ein Zeigerkalender und ein Flugrechenschieber Typ 52. Weitere Merkmale: automatischer Aufzug, beidseitig entspiegeltes Glas, wasserdicht bis 30 m.

Old Navitimer von 1952. Dieses Automatikmodell mit Stahlgehäuse weist einen Chronographen mit Fünftelsekundenmessung, einen 30-Minuten- und einen 12-Stunden-Zähler auf und ist hinter beidseitig entspiegeltem Saphirglas geschützt. Wasserdicht bis 30 m, Krone garantiert doppelt gedichtet.

Navitimer 92 in Gold und Stahl, hier mit Pilotband in Gold und Stahl, automatischem Werk Kaliber Breitling 30 und Rechenschieber Typ 42. Weitere Funktionen dieser kleinsten unter den Fliegeruhren: Telemeter und Pulsometer. Wasserdicht bis 30 m.

Die Shark Automatik von 1991 mit Kaliber Breitling 13 ist für eine lange Lebensdauer konzipiert: Die Krone ist gut geschützt, die ergonomischen Drücker sind teilweise im Gehäuse versenkt und das Glas ist zurückversetzt. Wasserdicht bis 100 m.

Shark Quarz-Chronograph von 1992 mit Kaliber Breitling 53. Schnellwechslung der Zeitzone, Chronograph mit Rattrapante und Batterieanzeige. Datumsanzeige zwischen 4 und 5.

Die 1992 lancierte Colt mit Kaliber Breitling 57 gibt es in zwei Ausführungen: Mit automatischem Werk oder, wie hier, mit Quarzelektronik und Batterieanzeige. Dies ist das robusteste aller Breitling-Modelle. Weitere Merkmale: wasserdicht bis 300 m, zurückversetztes Glas, Monobloc-Lünette mit Reiter, Leuchtzeiger und -ziffern.

Mit seinem Rechenschieber Typ 52, einem Chronographen mit Fünfzigstelsekundenmessung und der Weckfunktion genügt der elektronische Quarz-Chronograph Jupiter Pilot von 1989 den hohen Ansprüchen der Fliegerei. Er ist mit einem Werk Kaliber Breitling 59 ausgestattet, ist wasserdicht bis 100 m und wahlweise mit Leder- oder Metallarmband erhältlich.

Die Pluton von 1993 ist ein Präzisionschronograph mit Quarzelektronik, der ursprünglich für die Bedürfnisse von Militärpiloten konzipiert wurde. Die Funktionen: gemischte analoge und digitale Anzeige, zweite Zeitzone, Zeitzeichen, Wecker, Leuchtdisplay und Windrosenlünette.

Die Aerospace mit Titangehäuse ist ein elektronisches Instrument mit gemischter analoger und digitaler Anzeige. Die Bedienung ist äußerst simpel: Sämtliche Funktionen – Chronograph, Wecker, Timer, zweite Zeitzone, Datum, Tag in drei Sprachen – lassen sich mit Hilfe der Krone aufrufen.

Die Chronospace mit Kaliber Breitling 56 ist zugleich Chronograph, Timer und Wecker. Sie ist mit Quarzelektronik ausgestattet und wurde 1992 unter Mitwirkung der Mirage-Piloten gebaut. Neben einem vereinfachten Rechenschieber und einer Umrechnungsskala für Maße und Gewichte entsprechen die Funktionen und Merkmale in etwa denen der Aerospace. Wasserdicht bis 100 m.

Die Aerospace Titan mit Kaliber Breitling 56 und Quarzelektronik erlaubt die numerische Anzeige von Messungen bis auf die Hundertstelsekunde. Das entspiegelte Saphirglas sorgt für eine außergewöhnlich gute Ablesbarkeit der Anzeigen. Das Instrument ist wasserdicht bis 100 m und verfügt über eine End-of-Life-Batteriewechselanzeige.

Dieser mechanische Chronomat mit Kaliber Breitling 13 und automatischem Aufzug wird seit 1994 mit diesem weißen Zifferblatt ausgeliefert. Das beidseitig entspiegelte Saphirglas sorgt für eine unvergleichliche Ablesbarkeit der Anzeige in arabischen Ziffern. Anstelle des hier gezeigten Lederarmbandes ist das Modell auch mit Rouleaux- oder Pilot-Armband erhältlich.

Dieser mechanische Chronomat mit gerippter, einseitig drehbarer Lünette und automatischem Aufzug wurde 1984 für die Frecce Tricolori, die Elitestaffel der italienischen Luftstreitkräfte entwickelt. Das Zifferblatt ist mit Tachymeterskala ausgestattet und hinter dickem, beidseitig entspiegelten Saphirglas geschützt, das eine schnelle Ablesbarkeit aus jedem Winkel gewährleistet. Das Instrument ist wasserdicht bis 100 m.

Die Besonderheit dieses mechanischen Chronographen mit automatischem Aufzug und schwarzgrundigen Zählern auf weißem Zifferblatt besteht darin, daß sich auf dem Stahlarmband eine zweite Uhr auf eine zweite Zeitzone einstellen läßt.

Dieser mechanische Chronograph mit automatischem Aufzug (Kaliber Breitling 13) weist ein blaues Zifferblatt hinter beidseitig entspiegeltem Saphirglas auf. Das Stahlarmband des Typs Pilot wird von einer Sicherheitsschließe gehalten. Die Funktionen sind identisch mit denen der übrigen Modelle der Chronomat-Serie.

DIE CHRONOLINER

Chrono Sextant mit Kaliber Breitling 55 und Quarzelektronik. Modell 1989, mit mechanischem Chronograph für Hundertstelsekundenmessung, 30-Minuten- und 12-Stunden-Zähler, einseitig drehbarer Lünette und beidseitig entspiegeltem Saphirglas. Wasserdicht bis 100 m.

Von dieser Jubiläumsausgabe wurden insgesamt 1994 Stück produziert. Als Besonderheit wurde bei diesem Chronometer in Gold und Stahl der Breitling-Adler im goldenen Zifferblatt eingraviert. Ein begehrtes Sammlerstück.

Die 1992 lancierte Chrono Cockpit mit mechanischem Werk und automatischem Aufzug, Kaliber Breitling 30, mit Goldlünette und Stundenzeichen in Stahl, ist mit einem miniaturisierten Chronographenwerk ausgestattet, das höchsten Präzisionsansprüchen gerecht wird. Eine Datumsanzeige ist zwischen 4 und 5 angeordnet. Die Uhr ist wasserdicht bis 100 m und anstelle des Haifischlederarmbandes auch mit Metallarmband erhältlich.

Auch hier eine Chrono Cockpit mit weißem Ziffernblatt und blaugrundigen Zählern hinter beidseitig entspiegeltem Saphirglas. Die einseitig drehbare Lünette weist vier Reiter in 18 Karat Gold auf. Die Uhr ist wasserdicht bis 100 m und hier mit Lederarmband abgebildet.

Lady J mit Kaliber Breitling 52 und Quarzelektronik von 1989 ist eine reine Damenuhr. Sie hat nicht nur ein ansprechendes Design, sondern ist auch ausgesprochen robust: bis 200 m wasserdichtes Gehäuse, geschraubte Krone, kratzfestes und entspiegeltes Saphirglas, Batterieanzeige.

Robustheit, Langlebigkeit und Klasse sind die Merkmale der Callistino-Damenuhr mit Quarzelektronik von 1989. Sie wird in Gold und Stahl gefertigt und mit einem Kaliber Breitling 52 ausgestattet. Die geschraubte, doppelt gedichtete Krone garantiert eine Wasserdichtheit bis 100 m. Das Rouleaux-Armband ist ebenfalls aus Gold und Stahl.

Diese Callistino in Stahl entspricht von den technischen Merkmalen her dem links abgebildeten Modell. Anstelle des Rouleaux-Armbandes wurde hier ein Lederarmband mit farblich abgesetzten Steppnähten gewählt.

Robustheit, Noblesse und Eleganz zeichnen diese Callisto von 1994 mit Quarzelektronik aus, die sich durch die römischen Ziffern von den übrigen Modellen abhebt. Die Krone ist geschraubt und doppelt gedichtet. Anstelle des hier gezeigten Pilot-Armbandes kann auch ein Leder- oder Rouleaux-Armband gewählt werden.

Diese Sirius Lady Perpétuel in Gold und Stahl auf Pilot-Armband, ebenfalls in Gold und Stahl. Dieses Modell gibt es auch in Stahl mit Emaillezifferblatt. Ist die Uhr erst einmal eingestellt, bedarf sie keiner weiteren Justage mehr. Der Kalender ist bis 2100 programmiert.

DIE SCHMUCKAUSGABEN

Sirius Lady Perpétuel von 1993 mit diamantbesetztem Gehäuse aus der Schmuckuhrenkollektion von Breitling, mit Kaliber Breitling 62 und Zifferblatt aus echtem Perlmutt. Wie bei allen Modellen der Serie Sirius Perpétuel ist die Quarzelektronik so programmiert, daß bis zum 1. März 2100 das exakte Datum angezeigt wird.

Eine weitere Variante der Sirius Lady Perpétuel aus der Schmuckuhrenkollektion von Breitling. Gehäuse in Gelbgold, diamantbesetzte Lünette mit vier Smaragdreitern. Auch diese Uhr ist bis 2100 programmiert.

Diese diamantbesetzte Callistino mit goldenem, diamantbesetztem Pilot-Armband hat ein Zifferblatt aus Perlmutt und Ziffern aus Diamanten.

Lady J mit Quarzwerk, Kaliber Breitling 52. Gehäuse und Armband in Gold, blaues Zifferblatt und blaue Lünette. Die Uhr ist wasserdicht bis 100 m und wahlweise mit Rouleaux-Armband erhältlich.

Cartier

Der Inbegriff von Luxus

Seit Beginn des zwanzigsten Jahrhunderts hat sich der berühmte Juwelier mit Kultuhren wie der Santos oder der Tank in der Welt der „Horlogerie" einen klingenden Namen gemacht. Und auch heute noch üben Modelle wie Panthère, Pasha oder Les Must eine große Faszination auf Uhrenliebhaber und -liebhaberinnen in aller Welt aus. Louis-François Cartier gründete seinen Juwelierbetrieb schon im Jahre 1847, doch erst 1898 baute die Firma eine eigenständige Uhrenfertigung auf. Zu jenem Zeitpunkt trat Louis-Joseph Cartier in das väterliche Unternehmen ein. Ab 1907 arbeitete dieser mit Edmond Jaeger zusammen. Beide Männer waren davon überzeugt, daß den Armbanduhren die Zukunft gehöre. Als der brasilianische Flugpionier Alberto Santos-Dumont 1906 seine ersten Bravourstücke vollbrachte, trug er eine Cartier-Uhr am Handgelenk. Mit dem Modell Santos eroberte sich Cartier einen Platz unter den ganz Großen der Branche. Inspiriert von den amerikanischen Kampfpanzern des Ersten Weltkriegs, wurde 1919 die Tank lanciert – auch sie erlebte einen phänomenalen Erfolg und trug ihren Teil zur Firmengeschichte bei. Paris, London, New York: Unter der Leitung der drei Cartier-Brüder wuchs das Unternehmen über die Grenzen seines eigenen Landes hinaus. Luxusuhren wie die Vendôme und die Tortue waren die Stars der Vorkriegszeit. Nach dem Tod seiner beiden Brüder im Jahre 1942 übernahm Pierre Cartier die Leitung des Pariser Hauses. Er polierte das Markenimage auf, indem er seine Uhren mit Werken von nahmhaften Herstellern wie Patek Philippe, Vacheron Constantin oder Audemars Piguet ausstatten ließ. Als Robert Hocq 1973 die Leitung der Firma übernahm, gelang Cartier mit der unvergleichlichen Kollektion „Les Must" ein weiterer großer Coup. In den achziger Jahren brachte Cartier eine Neuauflage der legendären Erfolgsmodelle Tank, Vendôme, Santos und Tortue heraus. Sie alle wurden mit firmeneigenen mechanischen oder Quarz-Werken angeboten. Und um zu beweisen, daß Cartier nach wie vor der Inbegriff von Luxus und Qualität ist, fertigt die Manufaktur heute wie einst ihre einzigartige Luxusuhr Pasha in 18 Karat Gold mit ewigem Kalender.

Bei dieser Mini-Baignoire aus der Kollektion Louis Cartier handelt es sich um die Reproduktion eines Modells von 1920.

MINI-BAIGNOIRE UND SANTOS

Santos mit Quarzwerk, in Gold und Stahl. Stahlarmband in Barrenform mit Goldschrauben, wasserdicht bis 30 m. Das erste Modell der Santos-Linie entstand 1908.

Santos mit Quarzwerk in Stahl. Diese Damenuhr weist ein verschraubtes Gehäuse auf und ist mit Saphirglas geschützt. Sie ist wasserdicht bis 30 m.

Bei dieser runden Santos handelt es sich um ein neues Modell mit automatischem Werk. Gehäuse und Armband in Stahl, weißes Zifferblatt mit römischen Ziffern.

Santos-Damenuhr in Gold und Stahl mit automatischem Werk mit 17 Rubinen. Glasreif und Gehäuseschrauben in 18 Karat Gold. Wasserdicht bis 30 m.

Diese Uhr aus der Linie Must de Cartier in Massivsilber ist ein Art-Déco-Modell mit Quarzwerk aus dem Jahre 1976. Mineralglas und römische Ziffern.

Tank aus der Linie Must de Cartier mit Gehäuse in feuervergoldetem Silber und Quarzwerk. Das Elfenbeinzifferblatt mit den römischen Ziffern ist hinter Mineralglas geschützt. Armband aus braunem Krokodilleder.

Auch diese Herrenuhr mit Quarzwerk – Modell 21 von 1986 – stammt aus der Linie Must de Cartier. Typisch: Das polierte Armband im Reiskornmuster und der Edelspinell auf der Aufzugskrone, der auch schon bei den Damenmodellen zu sehen war.

Must in feuervergoldetem Silber mit Quarzwerk. Datumsanzeige bei 3, hier mit Kalbslederarmband und Faltschließe. Dieses Modell entstand 1976.

Dieses Modell 21 der Must-Linie von 1986 mit Quarzwerk wird mit poliertem Armband im Reiskornmuster geliefert. Weitere Merkmale: Der Edelspinell auf der Krone und die in die Lünette gravierten, goldplattierten römischen Ziffern.

Eine weitere Version des Modells 21 aus dem Jahre 1986. Hier mit blauem Haifischlederarmband und Faltschließe. Die blauen römischen Ziffern sind farblich auf das Armband abgestimmt.

Must Colisée mit Quarzwerk von 1976. Elfenbeinfarbenes Zifferblatt hinter Mineralglas, Krokodillederarmband.

Modell Vendôme von 1976 aus der Linie Must de Cartier in feuervergoldetem Silber mit Quarzwerk und Krokodillederarmband mit Dornschließe. Das elfenbeinfarbene Ziffernblatt mit den römischen Ziffern ist hinter Mineralglas geschützt.

Tank aus der Linie Must de Cartier, in feuervergoldetem Silber. Das Zifferblatt von 1920 weist zwei parallele Reihen römischer Ziffern auf, nur die VI und die XII fehlen. Hier mit Krokodillederarmband. Dieses Modell ist nicht wasserdicht.

Cougar mit Quarzwerk von 1989. Gehäuse, Lünette und Armband in satiniertem Edelstahl, Datumsanzeige bei 3, Saphirglas. Wasserdicht bis 30 m.

Für Gehäuse und Armband dieser Cougar-Damenuhr mit Quarzwerk von 1994 wurden 125 g Gold verarbeitet. Zifferblatt in blauem Lack, Gehäuse und Armband poliert.

Cougar in Gold und Stahl mit Quarzwerk. Goldgewicht insgesamt 12,7 g. Geschraubter Rückdeckel. Wasserdicht bis 30 m.

Cougar in satiniertem Stahl mit Quarzwerk. Die Besonderheit dieser Uhr: Das Zifferblatt „Soleil Noir". Datumsanzeige bei 3.

Damenuhr aus der Cougar-Linie in Stahl, mit Quarzwerk. Armband in poliertem Stahl. Wasserdicht bis 30 m.

COUGAR, PANTHERE UND COLISEE

Cougar in Gold und Stahl mit Armband im Reiskornmuster und Faltschließe. Datumsanzeige bei 3.

Colisée aus der Schmuckuhrenkollektion in Weißgold. Armband im Kugelmuster, ebenfalls Weißgold, Lünette mit dreiundvierzig Diamanten besetzt. Auch auf der Krone sitzt ein Diamant.

Colisée mit Quarzwerk von 1991. Goldgehäuse und -armband im Kugelmuster. Dies ist eines der Erfolgsmodelle der Marke.

Diese Panthère in Gold ist weltweit eines der berühmtesten Modelle. Sie entstand 1983. Bereits 1914 entwarf Cartier eine mit Diamanten besetzte Panthère, die im Laufe der Zeit zum Markenzeichen des Hauses werden sollte. Für die hier gezeigte Uhr wurden 68,94 g 18-karätiges Gold verarbeitet.

Die Linie Panthère wurde 1985 entworfen und in mehreren Versionen gefertigt: ganz in Gold, ganz in Stahl oder als Schmuckuhr – und das in drei verschiedenen Größen. Dieses Modell mit Quarzwerk in Gold und Stahl weist ein Armband mit doppelreihigen Goldgliedern auf.

Panthère-Herrenarmbanduhr in Gold und Stahl, mit Quarzwerk und verschraubtem Gehäuse. Wasserdicht bis 30 m.

Quarz-Chronograph Diabolo in Gold von 1992 mit Chronoreflexwerk. Ewiger Kalender mit automatischer Zeitzonenverstellung, Krone mit echtem Saphir besetzt.

Bei dieser Baignoire in Gold aus der Kollektion Louis Cartier handelt es sich um die Reproduktion eines Modelles von 1920. Quarzwerk und saphirbesetzte Krone.

Cougar in Gold mit Chronoreflexquarzwerk, weißem Zifferblatt und römischen Ziffern. Das Krokodillederarmband wird von einer Dornschließe in 18 Karat Gold gehalten.

Cougar mit Chronoreflexquarz-werk. Für das Gehäuse wurden 34,25 g Gold verarbeitet. Die gleiche Uhr gibt es auch mit weißem Zifferblatt.

Quarzbetriebene Colisée mit Gehäuse in 18 Karat Gold. Die Krone ist mit einem Saphir besetzt, und das Armband wird von einer goldenen Dornschließe gehalten.

COUGAR, TANK UND DIABOLO

Die Tank ist die wohl berühmteste Uhr aus dem Hause Cartier. Sie wurde 1917 von Louis Cartier entworfen; die Inspiration für die Form lieferten die Kampfpanzer des Ersten Weltkriegs. Dieses Damenmodell in 18 Karat Gold ist mit einem Quarzwerk, Kaliber 0,81,8''', ausgestattet.

Diese Tank in 18 Karat Gold gibt es wahlweise mit mechanischem oder Quarz-Werk. Das schwarze Krokodillederarmband wird mit einer goldenen Dornschließe gehalten.

Der Name dieser quadratischen Tank Obus – zu deutsch „Granate" – leitet sich aus den granatenförmigen Bandanstößen ab. Auffällig: Die Breguet-Zeiger.

Goldene Vendôme aus der Kollektion Louis Cartier. Mechanisches Werk mit 18 Rubinen und manuellem Aufzug. Goldgewicht des Gehäuses 24,4 g.

Diabolo-Damenuhr in Gold mit Quarzwerk. Die Bandanstöße und die Krone sind mit Saphir-Cabochons verziert. Dieses Modell gibt es auch mit Armband in 18 Karat Gold.

Mit der Pasha-Linie brachte Cartier seine ersten wasserdichten Uhren heraus. Die allererste wurde 1932 für den Pascha von Marrakesch entworfen. Dieses Modell in 18 Karat Gold mit drehbarer Lünette ist mit einem mechanischem Werk mit 22 Rubinen und automatischem Aufzug ausgestattet. Ziseliertes Zifferblatt. Gesamtgoldgewicht 77 g.

Chronograph in Stahl mit Quarzwerk, wasserdicht bis 30 m. Die drei weißen Summenzähler heben sich gut vom champagnerfarbenen Zifferblatt ab. Die Lünette ist einseitig drehbar.

Sämtliche Uhren der Kollektion Pasha weisen eine Krone mit einem zur Zeiteinstellung abschraubbaren Saphir-Cabochon auf. Dieses System wurde entwickelt, um die Uhren wasserdicht zu machen.

Diese Pasha hat einen Durchmesser von 38 Millimetern. Das mechanische Werk mit 22 Rubinen hat einen automatischem Aufzug. Die Uhr ist wasserdicht bis 100 m.

DIE LINIE PASHA

Chronograph in Stahl mit Chronoreflexquarzwerk, Rattrapante und ewigem Kalender. Wasserdicht bis 30 m. Armband in Stahl mit Faltschließe.

Diese Pasha weist ein Automatikwerk mit 22 Rubinen auf und ist wasserdicht bis 100 m. Sie hat einen Durchmesser von 35 Millimetern. Die Datumsanzeige erfolgt über ein Fenster zwischen 4 und 5.

Quarzgesteuerter Chronograph in Stahl mit 38 mm Durchmesser. Im Sekundenzähler bei 6 integrierte Datumsanzeige, Leuchtzeiger und -stundenzeichen, Lünette einseitig drehbar.

Dieser kleine Chronograph mit 35 Millimetern Durchmesser weist als Besonderheit einen geschraubten Rückdeckel auf. Er ist mit einem Chronoreflexwerk ausgestattet. Das Armband in blauem Krokodilleder ist farblich auf das Zifferblatt abgestimmt.

HAMILTON

DIE STERNSTUNDE AMERIKAS

Die Hamilton – ursprünglich als Uhr für die Eisenbahnpioniere des ausgehenden neunzehnten Jahrhunderts geschaffen – sollte zum Kronzeugen der US-amerikanischen Geschichte werden. Von der Erschließung des Wilden Westens über die Hollywood-Studios bis zum Siegeszug durch Europa nahm Hamilton stets einen wohlverdienten Platz bei der Verwirklichung dessen ein, was man gemeinhin als den „amerikanischen Traum" bezeichnet. Die Geschichte beginnt im Jahre 1892 in Lancaster, Pennsylvania, als fünf Männer – John Brimmer, Peter Watt, Charles Rood, Harry Cochran und George Franklin – die Hamilton Watch Company gründeten. Der Name war eine Reverenz an Andrew Hamilton, jenen Oberstaatsanwalt, der sich für die Pressefreiheit stark gemacht hatte. Die erste Hamilton war eine Taschenuhr, die der Ingenieur Henry J. Cain für Lokomotivführer entworfen hatte. Zur damaligen Zeit waren die Hauptkonkurrenten für Hamilton die Marken Waltham, Elgin, Aurora, Illinois und die American Watch and Clock Company. 1922 lancierte Hamilton eine Werbekampagne mit einem Poster, auf dem eine Lokomotive in voller Fahrt abgebildet war. Darunter war zu lesen: „Die Uhr des zwanzigsten Jahrhunderts". 1928 gewann Colonel Jacob Ruppert mit seiner Baseball-Mannschaft bei den World Series, und aus Freude über diesen Sieg bestellte er bei Hamilton eine Gedenkuhr. Die legendären Spieler Babe Ruth und Lou Gebig erhielten als Geschenk je ein Exemplar der bestechend schönen Piping Rock Yankee, in deren Rückdeckel das Wappen des Teams eingraviert war. Während des Zweiten Weltkriegs war Hamilton offizieller Lieferant der Navy für Marinechronometer sowie der Air Force für Fliegerchronometer und Teile für Zieleinrichtungen. Auch die gewöhnlichen GIs trugen eine Hamilton am Handgelenk. Nach dem Krieg lancierte Hamilton drei Modelle von bahnbrechendem Design: Spectra, Ventura und Van Horn. In den sechziger Jahren bestellte der Regisseur Stanley Kubrick für seinen Film „2001 – Odyssee im Weltraum" eine Uhr und ein Pendel im futuristischen Design. In den siebziger Jahren kam in Anlehnung an japanische Technologie die Pulsar mit Digitalanzeige heraus. Seit 1995 wartet Hamilton mit einer Neuauflage der Modelle aus den vierziger und fünfziger Jahren in einer moderneren Quarzvariante auf, die bei der jungen Generation großen Anklang findet. Der „amerikanische Traum" ist noch lange nicht ausgeträumt.

Bei diesem mechanischen Hamilton-Chronographen aus der Reihe Piping Rock Yankee handelt es sich um die Neuauflage eines Modells von 1938. Die Uhr mit Gehäuse in Weißgolddoublé hat einen 30-Minuten und 12-Stunden-Zähler, und die römischen Ziffern sind auf dem Glasreif graviert. Plexiglasabdeckung und Armband aus Schlangenleder.

PIPING ROCK YANKEE

Automatischer Chronograph in Stahl mit einseitig drehbarer Lünette. Dank der in das Mineralglas integrierten Lupe ist die bei 3 angeordnete Datumsanzeige optimal ablesbar. Dieses Modell ist ferner mit drei Zählern ausgestattet; die kleine Sekunde befindet sich bei 12.

Bei dieser Hamilton-Quarzuhr aus der Serie Benton handelt es sich um die Reproduktion eines Modelles von 1930 in 10 Mikron Golddoublé. Kleine Sekunde bei 6, Plexiglasabdeckung und arabische Ziffern.

Auch bei dieser ästhetisch sehr ansprechenden Uhr handelt es sich um die Neuauflage eines Modells von 1930. Gekrümmtes Gehäuse, Zifferblatt in Kupfer mit arabischen Ziffern hinter Mineralglas geschützt, kleine Sekunde bei 6.

Ein weiteres Modell der Kollektion Piping Rock Yankee, diesmal jedoch mit Quarzwerk. Das Gehäuse besteht aus 10 Mikron Golddoublé, die kleine Sekunde ist bei 6 angeordnet. Plexiglasabdeckung und Schlangenlederarmband.

Das Besondere an diesem automatischen Chronographen ist, daß die Sekunden auf dem großen Zifferblatt mit einem Zeiger mit rotem Pfeil angezeigt werden. Mineralglas. Wasserdicht bis 30 m.

Dieses Sportmodell mit Quarzwerk ist wasserdicht bis 200 m. Die Krone ist geschraubt und die Lünette einseitig drehbar. Das Haifischlederarmband ist farblich auf das Zifferblatt abgestimmt.

Auch bei diesem kleinen, besonders stilvollen Chronographen handelt es sich um die Nachbildung eines Modells aus den dreißiger Jahren. Guillochierte Lünette, Mineralglas und drei Zähler bei 3, 6 bzw. 9. Armband in Schlangenleder.

Quarzchronograph in Stahl für Zehntelsekundenmessung. Die Datumsanzeige ist bei 6 über dem Minutenzähler angeordnet. Einseitig drehbare Lünette, Mineralglas, Dichtheit bis 30 m, Stahlarmband.

VON DER LANDUNG INS QUARZZEITALTER

Dieses Modell zum fünfzigsten Jahrestag der alliierten Landung in der Normandie wurde in Zusammenarbeit mit der Firma Khaki gefertigt. Es handelt sich hier um eine Reproduktion der Uhr, die die GIs damals bei ihrem Einsatz trugen. In den Rückdeckel sind die Wappen der vier US-amerikanischen Waffengattungen eingraviert. Weitere Merkmale: Quarzwerk, Dichtheit bis 30 m, Textilarmband.

Automatischer Chronograph in Stahl mit feststehender Lünette mit Tachymeterskala. Eine optimale Ablesbarkeit der Datumsanzeige wird durch die in das Saphirglas eingeschliffene Lupe gewährleistet. Die Uhr ist wasserdicht bis 30 m.

Hamilton-Khaki mit Gehäuse aus kugelgestrahltem Stahl, Leuchtzeigern und -stundenzeichen. Datumsanzeige bei 3, wasserdicht bis 30 m, Lederarmband.

Dieses Quarzmodell gehört zu einer Sonderausgabe zu Ehren der Airborne Special Forces. Das mattschwarze Gehäuse wurde so konzipiert, daß sich das Mondlicht nicht darin spiegelt. Die Uhr ist wasserdicht bis 100 m, und das hinter Saphirglas geschützte Zifferblatt ist ebenfalls schwarz.

Dieser mechanische Chronograph aus der Kollektion Piping Rock Yankee weist dieselben technischen Merkmale auf wie das Modell von Seite 68.

Bei dieser Ventura handelt es sich um eine 1957 angefertigte Reproduktion eines elektrischen Modells, das Hamilton 1950 entworfen hat. Dies ist die erste Uhr, die mit Batterien und einem mechanischen Werk ausgestattet war. Das dreieckige Gehäuse in Rotgold beinhaltet heute ein Quarzwerk. Das Zifferblatt hinter der Plexiglasabdeckung ist schwarz.

Diese mechanische Uhr in Weißgold ist die Neuauflage eines Modells, das den Spielern der Baseballmannschaft, die 1928 den amerikanischen Meistertitel errang, in Anerkennung ihrer Leistung verliehen wurde.

Diese Driver Watch mit Quarzwerk ist einem Modell von 1938 nachempfunden. Wegen ihrer optimalen Ablesbarkeit auch während der Fahrt wurde sie bevorzugt von amerikanischen Chauffeuren und Taxifahrern getragen. Besonders originell sind die Bandanstöße.

Neuauflage eines Modells von 1960 in 10 Mikron Golddoublé. Der transparente Rückdeckel gibt den Blick auf das automatische Werk frei.

VON DER VENTURA ZUR DRIVER WATCH

Piping Rock Yankee mit Quarzwerk und Lünette in schwarzem Bakelit. Schwarzes Zifferblatt hinter Plexiglasabdeckung, kleine Sekunde bei 6.

Reproduktion einer Hamilton von 1960 mit Quarzwerk. Lünette mit doppeltem Zierwulst. Wie viele andere Modelle der Marke weist auch dieses ein Gehäuse aus Golddoublé auf.

Benton in Golddoublé mit Quarzwerk und kleiner Sekunde bei 6. Die Uhr ist auch mit flexiblem Armband in Golddoublé erhältlich. Mineralglas. Wasserdicht bis 30 m.

Tonneauförmige Hamilton-Damenuhr in 10 Mikron Golddoublé mit Quarzwerk und Mineralglas, hier mit Lederarmband abgebildet.

Ausgesprochen klassische, rechteckige Herrenuhr in Golddoublé, mit Quarzwerk und kleiner Sekunde bei 6. Armband in Schlangenleder.

IWC

DAS SCHLACHTROSS VON SCHAFFHAUSEN

Alles begann damit, daß sich Florentine-Aristo Jones, ein Uhrmachermeister aus Boston, im Jahre 1868 nach Schaffhausen begab, um sich dort mit einem ortsansässigen Industriellen zusammenzutun. Verärgert über hohe Ausfuhrzölle und vom Konkurs bedroht, kehrte Jones 1876 in die Vereinigten Staaten zurück, und die International Watch Co., kurz IWC, wurde von der Schaffhauser Handelsbank übernommen. In der Folgezeit machte sich der Fabrikant Johannes Rauschenbach-Vogel daran, das Unternehmen von einem amerikanischen in ein rein schweizerisches umzuwanden, eine Politik die später sowohl von der Familie Homberger als auch von der VDO weiterverfolgt wurde, die die Firma 1978 übernahm. 1893 gelangte IWC mit der Erfindung des Kalibers 52 zu Ruhm und Ehren, das als „Schaffhauser Kaliber" in die Fachsprache eingehen sollte. Von diesem Zeitpunkt an spezialisierte sich die Firma auf hochkomplexe Werke, und als krönende Frucht dieser Arbeit entstand eine „Grande Complication" im Taschenuhrenformat. Die Signatur „Probus Scafusia" war zum Statussymbol für die Großen dieser Welt geworden. Zar Ferdinand, Papst Pius IX. und Winston Churchill haben eine IWC getragen. Zwischen dem Börsenkrach von 1929 und dem Zweiten Weltkrieg sah sich IWC trotz der Öffnung des amerikanischen Marktes mit großen Schwierigkeiten konfrontiert. Die fünfziger Jahre standen ganz im Zeichen der Uhren mit Bimetallunruh und doppeltem Gehäuse. Zwanzig Jahre später wurde im Anschluß an einen entsprechenden Vertragsabschluß mit dem deutschen Autohersteller die Kollektion Porsche Design by IWC lanciert, darunter auch das Modell Ocean 2000. Unbeeindruckt von der Quarzrevolution frönte das Unternehmen mit der Da Vinci weiterhin seiner Vorliebe für Komplikationen. 1990 erschien die „Grande Complication". 1993 brachte IWC anläßlich des einhundertfünfundzwanzigsten Firmenjubiläums ein absolutes Highlight heraus: „Il Destriero Scafusiae" – das Schlachtroß von Schaffhausen. Hinzu kam die Portugieser Uhr, eine Gedenkausgabe in limitierter Auflage von 1000 Stück in Stahl, 500 Stück in Rotgold und 125 Stück in Platin. Welch bewegte Geschichte seit dem ersten Jones-Uhrwerk!

Il Destriero Scafusiae, das unbestrittene Meisterstück der Uhrmacherkunst, wurde anläßlich des einhundertfünfundzwanzigsten Firmenjubiläums von IWC in einer Auflage von 1 625 Exemplaren hergestellt. Es handelt sich hier um eine mechanische Uhr in Rotgold mit 750 Rädern und insgesamt einundzwanzig Funktionen: Chronograph mit Rattrapante, Mondphasenanzeige, ewiger Kalender, Angabe von Jahr, Jahrzehnt und Jahrhundert.

UHREN MIT EWIGEM KALENDER

Die Portofino mit der Referenznummer 3541 ist ein Modell in Gold mit ewigem Kalender, Mondphasenanzeige und automatischem Werk mit einer Frequenz von 28 800 Halbschwingungen pro Stunde. Das hinter Saphirglas geschützte Zifferblatt weist drei Zähler auf: Tag, Datum und Monat. Die Jahreszahl läßt sich in dem kleinen Fenster zwischen 7 und 8 ablesen. Die Uhr ist wasserdicht bis 30 m.

Die erste Uhr der Da-Vinci-Linie kam 1985 heraus. Dieser mechanische Chronograph mit automatischem Aufzug läuft auf 39 Rubinen und ist in Weißgold, Gelbgold, Rotgold oder Stahl erhältlich. Weitere Merkmale: Ewiger Mondphasenkalender, geschraubte Krone, wasserdicht bis 30 m.

Diese Da Vinci mit Gehäuse und Armband in 18 Karat Gold weist dieselben technischen Merkmale auf wie das Modell links. Die vierziffrige Jahresangabe erscheint in einem kleinen Fenster zwischen 7 und 8. Ein Zahnrad sorgt dafür, daß die Jahrhundertanzeige alle hundert Jahre um 1,2 Millimeter vorrückt.

Erst seit 1992 gibt es die Serie Da Vinci auch in Stahl. Sieben Jahre lang wurde das Prestigemodell ausschließlich in Gold und mit emailliertem Zifferblatt gefertigt. Abgesehen vom stählernen Gehäuse ist das hier gezeigte Modell technisch identisch mit den übrigen Modellen der Da-Vinci-Linie.

Die Novecento mit Mondphasenanzeige in Gelbgold wurde 1987 herausgebracht. Sie hat ein mechanisches Werk mit automatischem Aufzug, was für eine Uhr mit rechteckigem Gehäuse ausgesprochen ungewöhnlich ist. Sie zeigt das Jahr und das Jahrzehnt an, ist wasserdicht bis 30 m und ist auch mit schwarzem Zifferblatt erhältlich.

Chronograph mit Armband und Gehäuse in Titan. Mit 25 Rubinen bestücktes mechanisches Werk mit automatischem Aufzug (Frequenz 28 000 Halbschwingungen pro Stunde). Saphirglas, Dichtheit bis 60 m.

Die Ocean 500 im Porsche Design ist eine Taucheruhr in Gold und Titan mit mechanischem Werk und automatischem Aufzug. Weitere Merkmale: geschraubte Krone, Datumsanzeige, Sekundenzeiger mit Stoppfunktion. Auch ganz in Titan lieferbar.

Die Reiseuhr in Titan ist ebenfalls in einer Kombination aus Gelbgold und Titan erhältlich. Sie ist wasserdicht bis 30 m und erlaubt direkte Zeitumstellung für einundzwanzig Metropolen der Welt. Zusätzlich ist eine Weckfunktion integriert.

Diese IWC-Kompaßuhr Porsche Design von 1978 mit mechanischem Werk und automatischem Aufzug ist unter dem Zifferblatt mit einem verstellbaren, wasserdichten Präzisionskompaß ausgestattet. Die Krone der bis 30 m wasserdichten Uhr ist verschraubt, die Datumsanzeige bei 3 angeordnet. Es wurden nur antimagnetische Materialien verarbeitet, um die Kompaßfunktion nicht zu beeinträchtigen.

Die Lady Titan, hier in poliertem Titan abgebildet, ist auch mit Lünette in Gold und Titan erhältlich. Die Uhr ist mit Quarzwerk, Datumsanzeige und Saphirglas ausgestattet. Wasserdicht bis 60 m.

Anders als das Modell Lady Titan wird diese Titan für Herren mit einem mechanischen Werk mit automatischem Aufzug betrieben. Sie ist auch mit schwarzem Zifferblatt und in einer kombinierten Version in Titan und Gold lieferbar. Wasserdicht bis 60 m.

Bei der Sportive 02 handelt es sich um einen kleinen mechanischen Chronographen in Gold mit 30 Millimetern Durchmesser, der von einem quarzgesteuerten Schrittschaltwerk getrieben wird. Es gibt eine Datumsanzeige, und die geschraubte Krone sorgt für eine Wasserdichtheit bis 30 m. Das Modell ist ebenfalls in Stahl erhältlich.

Diese Sportive 01 in Edelstahl hat ein Quarzwerk. Weitere Merkmale: Datumsanzeige, Zentralsekunde mit Stoppfunktion und Batterieanzeige. Wasserdicht bis 30 m.

Der Fliegerchronograph in Stahl ist der kleinste Chronograph der Welt mit analoger Anzeige. Es gibt nur zwei Schrittschaltwerke zur Betreibung aller Funktionen. Die Bedienung erfolgt über zwei Drücker. Zum Schutz vor Magnetfeldern wurde das Innengehäuse aus Weicheisen gefertigt. Das Saphirsicherheitsglas ist unterdruckbeständig, und die Uhr ist wasserdicht bis 50 m.

Der Portofino-Chronograph in Edelstahl mit 30 Millimetern Durchmesser gilt als einer der flachsten der Welt. Mechanische Uhr mit Quarzschrittschaltwerken, wasserdicht bis 30 m, hinter Saphirglas geschützt. Auch in Gold erhältlich.

Äußerst ansprechende Version des kleinen Da-Vinci-Chronographen mit Mondphasenanzeige, ganz in 18 Karat Gold.

Ingenieur Chrono Alarm in Gold und Stahl mit Stahlarmband. Das mechanische Chronographenwerk mit Weckfunktion wird über zwei Quarzschrittschaltwerke betrieben. Geschraubte Krone, wasserdicht bis 30 m, Saphirglas.

Chronograph in einer Luxusausführung in 18 Karat Gold mit Krokodillederarmband und goldener Dornschließe. Technische Merkmale wie bei dem Fliegerchronographen ganz links.

Da-Vinci-Chronograph für Damen, in Gold, Gehäusedurchmesser 29 Millimeter, mechanisches Werk mit quarzgesteuerten Schrittschaltwerken. Zifferblatt emailliert mit ewiger Mondphasenanzeige. Geschraubte Krone und Saphirglas. Wasserdicht bis 30 m.

Ein weiterer Chronograph der Da-Vinci-Serie mit Mondphasenanzeige in Stahl. Er ist seit 1992 im Programm und von den technischen Merkmalen her identisch mit den anderen hier abgebildeten Modellen dieser Kollektion.

Der Doppelchronograph mit mechanischem Werk mit automatischem Aufzug weist eine Stoppfunktion mit Rattrapante auf. Tag und Datum erscheinen in zwei Fenstern bei 3. Geschraubte Krone, antimagnetisches Innengehäuse in Weicheisen.

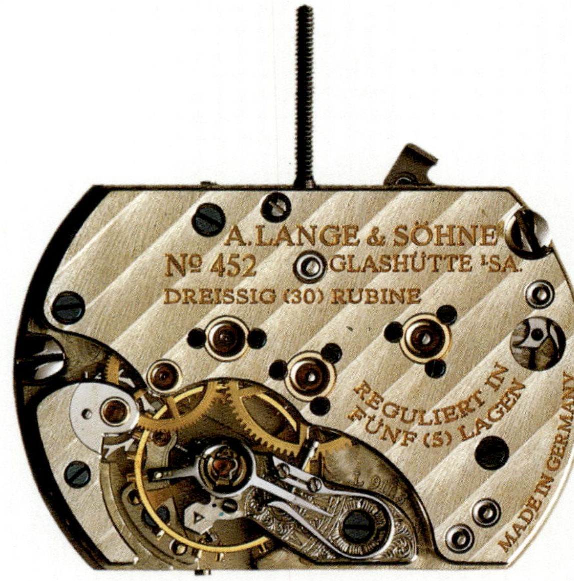

Die Saxonia mit Lange-Kaliber L911.3 läuft auf 30 Rubinen und hat eine Gangreserve von 42 Stunden. Die Unruh erzeugt 21 600 Halbschwingungen pro Stunde. An der handgravierten Räderwerkbrücke ist eine Schwanenhalsfeinregulierung montiert.

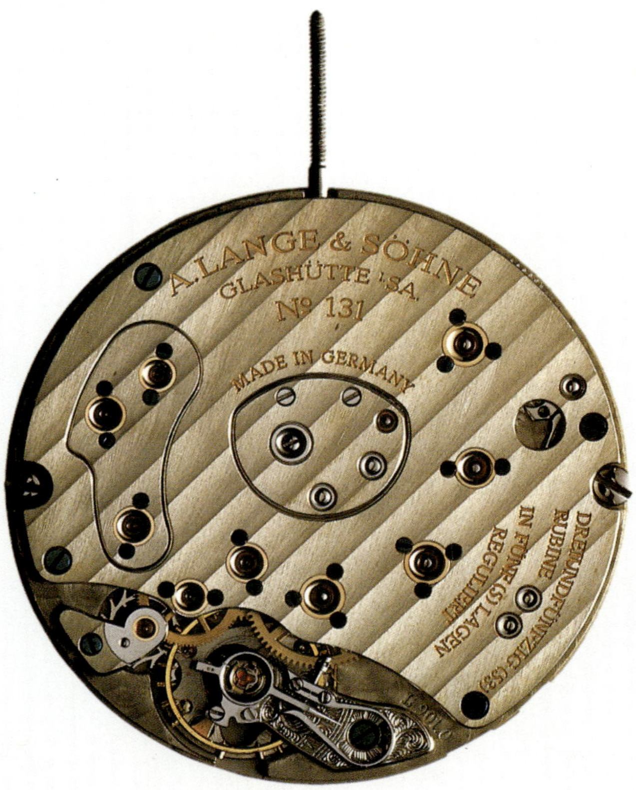

Bei dem Werk der Lange 1 handelt es sich um ein Kaliber L901.0 mit 53 Rubinen und Regulierung in fünf Lagen. Das doppelte Federhaus ermöglicht eine Gangreserve von über 3 Tagen.

Eine Öffnung in der Platine gibt den Blick auf eine faszinierende Mechanik frei, wie sie in keiner anderen Armbanduhr anzutreffen ist: Kettentrieb mit Planetenrad zur konstanten Übertragung der Antriebskraft auf das Räderwerk, selbst wenn die Uhr gerade gestellt wird.

SIGNIERTE KOMPLIKATIONEN VON EINZIGARTIGEM CHARME

Sondermodell mit sichtbarem Tourbillon, Kettentrieb und Planetenrad. Die Sekunden- und Gangreserveanzeige erfolgt über zwei Zähler bei 9 bzw. 3. Diese Uhr mit der bis 1918 wohl prestigeträchtigsten deutschen Signatur wurde etwa 150mal in Gold und 50mal in Platin gefertigt. Sie ist dem Uhrmachermeister Ferdinand Adolph Lange gewidmet, der seine Präzisionsuhrwerke in Glashütte bei Dresden schuf.

Mechanische Saxonia-Armbanduhr in Gold. Lünette und Rückdeckel geschraubt. Zifferblatt in Massivsilber mit Datumsanzeige bei 12 und kleiner Sekunde bei 6. Armband in Krokodilleder mit Goldschließe.

Mechanische Damenarmbanduhr der Marke Arkade in Gold. Die Form erinnert an die Arkaden im Hof des Dresdener Schlosses. Auf dem Zifferblatt in Massivsilber erscheint die Datumsanzeige bei 12. Das Modell existiert auch mit kleiner Sekunde bei 6. Gehäuse mit geschraubtem Rückdeckel in 18 Karat Gold. Anstelle des hier gezeigten Armbands in Krokodilleder mit Goldschließe gibt es auch eine ganz in Handarbeit gefertigte Version in Gold.

Armbanduhr Lange 1 in Gold mit mechanischem Werk und doppeltem Federhaus. Der Hauptziffernkreis ist exzentrisch angeordnet, die kleine Sekunde befindet sich bei 5 und die Gangreserveanzeige bei 3. Das Datum erscheint in einem Doppelfenster bei 12.

Jaeger-LeCoultre

Auge, Hand und Herz

Im Jahre 1833 gründete Charles-Antoine LeCoultre seine Uhrenmanufaktur, die revolutionäre Kaliber und hochkomplexe Werke erfinden und fertigen sollte. Zweiundneunzig Jahre später schloß sich einer der Enkelsöhne des begnadeten Uhrmachers, Jacques-David LeCoultre, mit Edmond Jaeger zusammen. Aus dieser Verbindung entstand die legendärste aller Uhren – die Uhr, die sich wandelt, die Uhr mit den zwei Gesichtern: die Reverso. „Auge, Hand und Herz", so lautete die Devise der Manufaktur in Le Sentier im Herzen des Schweizer Jura. Der traditionsbewußte Edmond Jaeger verlegte sich darauf, LeCoultre-Werke für Cartier-Uhren zu liefern. Sechs Jahre nach dem Zusammenschluß eroberten die beiden Männer mit einer eigenen Uhr den Markt, die die Quintessenz ihres Könnens bildete. Im Jahre 1931 kam die Reverso heraus: Ursprünglich für Polospieler erfunden, von René-Alfred Chauvot entworfen und von Jaeger-LeCoultre gefertigt. Wer hätte je geglaubt, daß eine Uhr, die sich umdrehen läßt, um das Zifferblatt vor Stößen zu schützen, dem Haus Jaeger-LeCoultre zu Ruhm und Ehre verhelfen würde? Doch gerade diese außergewöhnliche Uhr hat dazu beigetragen, daß jeder, der den Namen „Reverso" hört, automatisch an die Manufaktur in Le Sentier denkt, eine Manufaktur, deren Signatur auf zahlreichen anderen Meisterstücken zu finden ist, wie der Duoplan, der Atmos-Pendeluhr, der Futurematic und der einzigartigen Memovox, einer der schönsten Weckuhren überhaupt, Vorläuferin der „Grand Réveil" und des Chronographen mit Weckfunktion.

Mit prachtvollen Uhren wie der Master Control und der Géographique läutete Jaeger-LeCoultre die neunziger Jahre ein. Zum sechzigsten Geburtstag der Reverso (1931 – 1991) wartete die Marke mit einer limitierten und numerierten Auflage von fünfhundert „doppelgesichtigen" Exemplaren auf: Ein Schmuckstück, dessen Gehäuse und Werk samt und sonders aus Rotgold gefertigt sind. Zudem kann man das Herz der Uhr durch einen Rückdeckel in Saphirglas schlagen sehen. Die Uhr der verrückten Zwanziger zählt inzwischen fünfundsechzig Jahre, doch die Zeit ist spurlos an ihr vorübergegangen. Sie ist zugleich ein Meisterwerk des Art Déco und eine außergewönliche Uhr, die alle Modeerscheinungen unbeschadet überstanden hat.

Das Modell Memovox ist eine Weckuhr, die zu Anfang der sechziger Jahre wahlweise in Gold oder in Stahl gefertigt wurde. Das Besondere an diesem „Schmuckstück": das Werk ist automatisch, die Weckfunktion hingegen rein mechanisch. Die Einstellung des Weckers erfolgt mit Hilfe der Krone bei 2 und dem kleinen Pfeil innen auf dem Zifferblatt. Der Rückdeckel ist perforiert, und so ist der Weckton unüberhörbar.

Die Uhr mit den zwei Gesichtern: Diese Duoface Reverso in Stahl gehört zur neuen Kollektion von 1994. Das Gehäuse ist so auf einer mit dem Lederarmband verbundenen Grundplatte montiert, daß es sich um 180 Grad wenden läßt. Die Besonderheit dieses luxuriösen Modells ist die unabhängige Anzeige zweier Zeitzonen in zwei verschiedenen Ziffernkreisen mit ein- und demselben Werk.

DIE REVERSO

Die Reverso wurde 1931 speziell für Polospieler entwickelt. Das Zifferblatt dieser Reverso Shadow von 1992 wurde von Deleskiewitch, einem Franzosen polnischer Abstammung, entworfen. Das Gehäuse aus satiniertem und poliertem Stahl ist mit einem Metallarmband kombiniert.

Dieses Modell Duoface von 1994 zeigt zwei Zeitzonen über ein- und dasselbe Werk an: das Kaliber 854 von Jaeger-LeCoultre. Der kleine Ziffernkreis ist in 24 Stunden eingeteilt, um so die genaue Uhrzeit im jeweiligen Land ablesen zu können.

Bei dieser Reverso in Rotgold handelt es sich um die Reproduktion eines Modells aus den fünfziger Jahren. Sie ist mit einem mechanischen Werk ausgestattet. Von 1975 bis 1985 wurde das Design der Reverso dahingehend verändert, daß auf die Ziergravuren in der beim Wenden der Uhr erscheinenden Grundplatte verzichtet wurde.

Diese Reverso in Stahl ist eine getreue Nachbildung der Originaluhr aus dem Jahre 1931. Sie ist heute mit mechanischem oder Quarzwerk erhältlich. 1931 zielte die Werbung vor allem darauf ab, daß sich bei diesem System das Zifferblatt wenden läßt und so bei Sport und starker Beanspruchung vor Stößen geschützt ist.

Die Reverso gilt seit 1931 als einer der großen Klassiker des Art Déco. Dieses Damenmodell mit Quarzwerk ist ein vollendetes Beispiel hierfür. Goldgehäuse, Saphirglas und Straußenlederarmband.

Reverso bedeutet „sich wenden". Hier eine Duoface mit 24-Stunden-Anzeige in Goldgehäuse mit guillochiertem und ziseliertem Zifferblatt in Massivsilber und Straußenlederarmband. Dies ist eines der bemerkenswertesten Modelle dieser renommierten Marke, die zum Inbegriff der Uhrmacherkunst geworden ist.

Der Gipfel der hohen Uhrmacherkunst ist mit dieser Reverso mit Gehäuse und Armband in Gelbgold erreicht. Zeiger aus gebläutem Stahl. Das Zifferblatt ist von Hand gearbeitet.

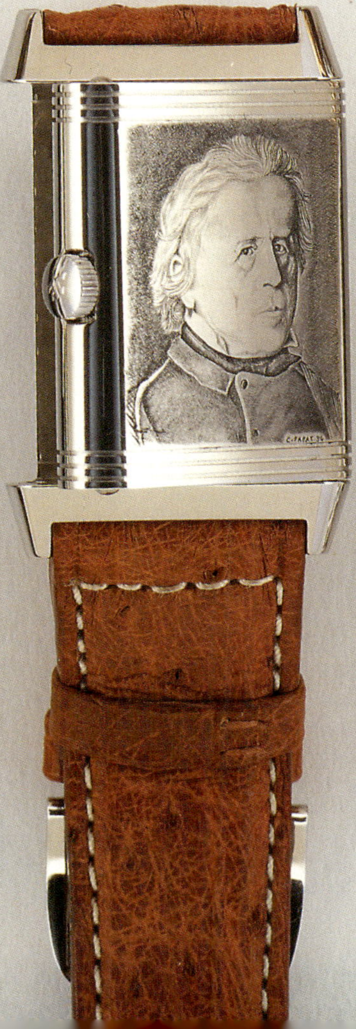

Die Gravur dieser Reverso in Edelstahl ist außergewöhnlich: Sie wurde von Christophe Parat von Hand gefertigt und zeigt das Porträt von Charles-Antoine LeCoultre, der das Unternehmen 1833 gründete. Die Reverso aber haben wir nicht ihm, sondern Jacques-David LeCoultre, Edmond Jaeger, César de Trey und René-Alfred Chauvot zu verdanken.

Reverso für Damen mit Gehäuse und Armband in Stahl. Das hier gezeigte Armband wurde in der Uhrenmanufaktur von Le Sentier hergestellt und in Handarbeit zusammengesetzt. Die Damen-Reversos haben ebenso viele verschiedene „Gesichter" wie die Herrenmodelle.

DIE MEISTERSTÜCKE

Die Géographique, 1990 auf der Baseler Schmuckmesse präsentiert, ist der große Traum der Weltenbummler. Dieses neue Modell zeigt dank des Fensters bei 12, das die Wahl einer Metropole erlaubt, und des zweiten Ziffernkreises bei 6, gleichzeitig die Zeit in zwei verschiedenen Städten und Zeitzonen.

Das Modell Odysseus für Damen ist ein ultraflacher Chronograph in Gold mit Mondphasenanzeige. Es besitzt das kleinste komplette Chronographenwerk der Welt, das nur etwa ein Drittel so groß ist wie das eines herkömmlichen Chronographen. Es wurde 1989 für den großen Chronographen mit Mondphasenanzeige entwickelt.

Dieser goldene Chronograph – Modell Odysseus für Herren mit Mondphasenanzeige – berücksichtigt Schaltjahre bei der Anzeige von Tag, Monat und Jahr. Auch das Armband ist aus Gold.

Der Chronograph Héraion, hier mit Gehäuse und Armband in Stahl. Das Werk besteht aus über 300 von Hand zusammengesetzten Einzelteilen und ermöglicht acht verschiedene Anzeigen: Stunden und Minuten in der Normalfunktion, Stunden, Minuten und Viertelsekunden in der Stoppuhrfunktion, Weckzeit und Datum. Die Uhr ist auch ganz in Gold oder in einer Kombination aus Gold und Stahl lieferbar.

Die Odysseus mit einfachem Kalendarium und Mondphasenanzeige besitzt eine Tages-/Monats-/Datums-Funktion, die mit Hilfe der im Gehäuse integrierten Drücker bedient wird. Dieses Modell in Gold ist mit einem Straußenlederarmband bestückt. Das Zifferblatt ist hinter Saphirglas geschützt.

Die Grand Réveil mit Mondphasenanzeige ist ein Modell mit ewigem Kalender und Weckfunktion. Die Glocke des Läutwerks ist aus einer speziellen Bronzelegierung gefertigt, die um 1500 v. Chr. in China entwickelt wurde.

1931 pries Jaeger-LeCoultre die Reverso als ein Schmuckstück an, das zur Uhr wird, wenn man es wendet. Bei dieser Reverso mit Tourbillon ist das mechanische Werk in der Tat ein Schmuckstück! Der von Abraham-Louis Breguet Ende des 18. Jahrhunderts erfundene Tourbillon ist Garant für absolute Genauigkeit.

Das Werk des ultraflachen Chronographen Héraion ist halb mechanisch, halb quarzgesteuert. Am originellsten aber ist die Möglichkeit der Pulsmessung mit Hilfe der auf der Lünette vorgegebenen Skala. Dieses Modell ist auch in Gold erhältlich.

Die inzwischen legendäre Géographique von 1990 mit mechanischem Werk zeigt gleichzeitig die Uhrzeit in zwei verschiedenen Städten. Die Namen von vierundzwanzig Metropolen und deren Zeitzonen erscheinen auf einer Scheibe, die über Mikrokugellager gleitet. Die Uhr ist wasserdicht bis 50 m und enthält eine Gangreserveanzeige.

Die Master Control mit Armband und Gehäuse in Stahl absolviert tausend Teststunden, bevor sie die Manufaktur verläßt. Jedes Exemplar wird mit einem numerierten Zertifikat ausgeliefert. Die jeweilige Nummer der Uhr ist in ein in den Gehäuseboden eingelassenes goldenes Siegel eingraviert.

Der große Klassiker der Master-Kollektion ist die Master Date. Diese automatische Uhr in Stahl mit kleiner Sekunde bei 6 ist mit einem Kaliber 891/447 ausgestattet.

Die automatische Master Réveil ist der jüngste Sproß der Master-Kollektion. Die Krone bei 2 dient zur Einstellung der Weckfunktion im inneren Ziffernkreis.

Diese automatische Master Control mit Kaliber 889/1 ist in einem Gehäuse aus Stahl untergebracht und mit einem Rotor in 21 Karat Gold bestückt. Sie ist wasserdicht bis 80 m. Das Krokodillederarmband verleiht ihr zusätzliche Klasse.

DIE MASTER-SERIE

Im Gehäuseboden der Master Date in Gold ist die Identifikationsnummer eingraviert. Sie ist wasserdicht bis 80 m und wird mit Saphirglas und Krokodillederarmband geliefert.

Die mechanische Master in Gold ist ultraflach. Sie schwingt mit einer Frequenz von 28 600 Halbschwingungen pro Stunde und hat ein Saphirglas. Statt in Gold ist sie auch in einer Stahlversion erhältlich.

Das Werk der Master Date mit 34 Rubinen in Massivgold besteht aus 300 Einzelteilen, die von Hand gefertigt und zusammengesetzt werden. Sie ist wasserdicht bis 80 m.

Diese automatische Master Control mit Gehäuse in Gold und Armband mit goldener Faltschließe gehört zur 1992er Serie von Jaeger-LeCoultre. Sie schwingt mit einer Frequenz von 28 000 Halbschwingungen pro Stunde. Die Signatur und das Kontrolldatum sind von Uhrmachermeister Michel Rochat innen im Gehäuse eingraviert.

Noch eine Master Control, die der für die Produktion verantwortliche Uhrmachermeister Michel Rochat unter extremen Vibrations- und Temperaturbedingungen getestet hat. Sie wird mit Ursprungszertifikat und eigener Fertigungsnummer geliefert.

Die mechanische Memovox mit Plexiglasabdeckung, Stahlgehäuse und geschraubtem Rückdeckel wurde in den fünfziger Jahren hergestellt. Sie stellt einen entscheidenden Meilenstein in der Erfolgsgeschichte von Jaeger-LeCoultre dar.

Diese Etrier-Damenuhr in Stahl wurde von Jaeger-LeCoultre für Hermès hergestellt. Ihre Form erinnert an das Erfolgsmodell Arceau von Hermès.

JAEGER-LE COULTRE

HISTORISCHE SAMMLERSTÜCKE

Dieses Abendmodell für Damen von Jaeger-LeCoultre in Stahl stammt aus den dreißiger Jahren. Zweifarbiges Zifferblatt mit arabischen Ziffern und doppelter Lederkordel.

Abendmodell für Damen von Jaeger-LeCoultre in Stahl aus den dreißiger Jahren mit mechanischem Werk und doppelter Textilkordel.

Eine echte Rarität: Reverso aus den vierziger Jahren mit schwarzem Zifferblatt (Modell „Chemin de fer") und mechanischem Werk Kaliber ULSC/437.

Diese Duoplan entstand in den dreißiger Jahren. Sie birgt ein Werk in zwei übereinanderliegenden „Etagen". Die Krone an der Seite fehlt; statt dessen wird die Uhr mit einem Rändelrad am Gehäuseboden eingestellt.

Mondphasenuhr in Gold und Stahl mit mechanischem Werk in quadratischem Gehäuse, 1945 speziell für Cartier hergestellt. Heute gibt es von diesem Modell verschiedene Nachbildungen mit Quarzwerk.

Diese Duoplan aus den ausgehenden zwanziger Jahren mit Gehäuse im Art-Déco-Stil und schwarzem Zifferblatt stellte zur damaligen Zeit eine echte technische Revolution dar. Zwei Werke des Kalibers 11 BF 409 sind hier übereinander angeordnet, um die Breite der Uhr zu reduzieren. Das Patent der Duoplan geht auf das Jahr 1926 zurück.

Jaeger-LeCoultre-Damenuhr von 1948 mit mechanischem Werk (Kaliber 8 NR/496) und Lederarmband.

Taschenuhr um 1900 mit Gehäuse in Gelbgold, rötlichem Zifferblatt und kleiner Sekunde bei 6.

Longines

Die Pforten des Himmels

Am 21. Mai 1927 landete die Spirit of Saint Louis mit Charles Lindbergh am Steuer nach einer Flugzeit von 33 Stunden und 30 Minuten in Le Bourget. Die Flugzeit dieses Atlantikfluges, der in die Geschichtsbücher eingehen sollte, wurde offiziell von Longines gemessen. Und dies war nur der Anfang der Zusammenarbeit zwischen dem amerikanischen Colonel und dem Schweizer Uhrenfabrikanten. Für die seit 1866 in Longines ansässige Firma Agassiz-Francillon hatten sich die Pforten des Himmels geöffnet und den Weg zu Abenteuer und Entdeckungen freigegeben. Noch im selben Jahr entwarf und skizzierte Charles Lindbergh eine Uhr als Navigationsinstrument, die er von seinem Freund, dem New Yorker Direktor von Longines, anfertigen ließ. Zeit, Stundenwinkel, Zeitgleichung, Synchronisation mit einem Funkzeitzeichen: die Stundenwinkelchronographen mit der geflügelten Sanduhr, dem Markenzeichen von Longines, stellten eine revolutionäre Neuerung für Piloten dar. Zwei Jahre später reichte Kommandant Philipp Van Horn Weems, ein Offizier der US Navy, bei dem Charles Lindbergh seine Studien an der Naval Academy of Annapolis absolviert hatte, ein Patent ein. Seine Erfindung war einfach und doch bahnbrechend: Sie erlaubte die sekundengenaue Synchronisierung der Uhr mit einem Funkzeitzeichen anhand der äußeren Lünette bzw. des zentralen Zifferblattes, die beide jeweils drehbar angeordnet und mit Einteilungen versehen waren. Longines griff diese Erfindung auf und brachte die Weems Pilot Watch heraus. In der Welt des Sports stand Longines seinem großen Rivalen Omega gegenüber. Longines spezialisierte sich auf die offizielle Zeitmessung bei Autorennen. Der Chronograph „Formule 1" von 1988 aus der Kollektion Conquest gilt auch heute noch als absolut zuverlässiges Instrument. 1989 lancierte Longines anläßlich des hundertsten Firmenjubiläums eine Uhr mit großer Komplikation, die Effemeridi Solari, eine automatische Uhr für Astronomen. Es folgen weitere Chronographen und Luxusuhren wie der in limitierter Auflage von 1000 Exemplaren gefertigte Platinchronograph und die Christobal C, die an die Entdeckung Amerikas durch Kolumbus erinnert.

Dieser Chronograph in Gold und Stahl aus der Stundenwinkelkollektion wurde von Longines als Hommage an Charles Lindbergh gefertigt. Sie wurde einem Modell nachempfunden, das der Pilot 1927 bei seiner Atlantiküberquerung entwarf. Ihre Funktionen sind speziell auf die Bedürfnisse der Fliegerei abgestimmt: Stundenwinkelberechnung, Zeitgleichung, Synchronisation mit einem Funkzeitzeichen. Tag und Datum werden in zwei Fenstern bei 3 angezeigt. Der Saphirglasboden gibt den Blick auf das Werk frei.

Bei dieser Lindbergh-Stundenwinkeluhr handelt es sich um eine detailgetreue Reproduktion des Originalmodells, das der berühmte Flieger am Handgelenk trug. Automatikwerk, Gehäuse in Stahl und Lünette in Gold. Der Rückdeckel läßt sich öffnen und gibt so den Blick auf das Werk und eine Gedenkinschrift frei. Das Design der Schließe ist ebenfalls dem Look der dreißiger Jahre nachempfunden.

DIE KLASSIKER

Bei dieser Uhr handelt es sich um die Nachbildung einer Longines aus den dreißiger Jahren. Automatikwerk, Plexiglasabdeckung, Gehäuse in Stahl, arabische Ziffern. Datumsanzeige, Zentralsekunde, wasserdicht bis 30 m.

Diese Conquest in Stahl ist einer Longines von 1950 nachempfunden. Sie ist mit einem Automatikwerk, einer Datumsanzeige bei 12, Saphirglas und einem Armband im Stil der damaligen Zeit ausgestattet. Wasserdicht bis 30 m.

Conquest mit Quarzwerk, Gehäuse und Armband in Golddoublé und Stahl, Datumsanzeige bei 3 und Batterieanzeige. Diese Uhr ist wasserdicht bis 100 m; es gibt sie auch mit weißem Zifferblatt.

Quarzuhr in Stahl aus der Kollektion Conquest, Armband mit Faltschließe, ebenfalls in Stahl, Saphirglas, Datumsanzeige bei 3, wasserdicht bis 100 m.

Elegante Conquest für Damen mit Quarzwerk, in Golddoublé. Wasserdicht bis 30 m, Fenster zur Datumsanzeige bei 3, Saphirglas, Batterieanzeige.

Conquest in Titan und Gold mit ewigem Kalender, dessen Programmierung bis 2100 reicht und unterschiedliche Monatslängen (28, 29, 30 und 31 Tage) berücksichtigt.

Conquest in Golddoublé und Stahl. Der Glasboden gibt den Blick auf das automatische Werk frei. Die Uhr ist garantiert wasserdicht bis 100 m.

Conquest-Damenuhr mit Gehäuse und Armband in Golddoublé und Silber. Technische Merkmale wie bei dem Modell links.

Die Conquest Very High Precision (VHP) von Longines mit thermokompensiertem Quarzwerk ist fünfmal genauer als eine herkömmliche Quarzuhr. Die garantierte Maximalabweichung liegt bei einer Minute in fünf Jahren.

DIE KOLLEKTION CONQUEST

Conquest mit Quarzwerk. Das Gehäuse und das mit einer Faltschließe gehaltene Armband sind aus Golddoublé und Stahl gefertigt. Saphirglas und Datumsanzeige bei 3, wasserdicht bis 100 m.

Conquest mit Quarzwerk. Das Gehäuse und das mit einer Faltschließe gehaltene Armband sind aus Golddoublé und Stahl gefertigt. Hier mit weißem Zifferblatt. Ansonsten entspricht die Uhr dem links abgebildeten Modell.

Diese Automatikuhr in Gold gehört zur Kollektion Ernest Francillon, dem Neffen von Auguste Agassiz, der 1833 das Unternehmen mitbegründet hat.

Diese automatische Pionnier wurde in limitierter Auflage gefertigt: 3000 Exemplare in Stahl, 1500 Exemplare in Gold und Silber und nur 500 numerierte Exemplare in Gold. Sie zeigt die Uhrzeit von einundzwanzig Ländern der Welt.

Hier eine Automatikuhr in Gelbgold aus der Kollektion Ernest Francillon. Sie ist mit Zentralsekunde und Datumsanzeige bei 3 ausgestattet.

Bei dieser mechanischen Uhr handelt es sich um die Reproduktion eines Modells aus den dreißiger Jahren. Tonneauförmiges Curvex-Gehäuse, kleine Sekunde bei 6.

DIE KOLLEKTIONEN FRANCILLON, ADMIRAL UND CONQUEST

Mechanischer Chronograph in Gelbgold aus der Kollektion Ernest Francillon mit besonders gelungenem, aufwendig verarbeiteten Gehäuse.

Bei dieser Automatikuhr in Gelbgold aus der Kollektion Ernest Francillon läßt sich der Rückdeckel öffnen, um das Werk zu betrachten. Die Mondphasen werden mittels Zeiger, das Datum in dem Fenster bei 3 angezeigt.

Quarzchronograph mit einer Genauigkeit bis auf die Zehntelsekunde aus der Kollektion Conquest. Gehäuse und Armband aus Stahl, wasserdicht bis 100 m.

Automatikchronograph aus der Kollektion Admiral mit Tachymeterskala auf der Lünette. Das gleiche Modell gibt es auch mit weißem Zifferblatt und Lederarmband.

OMEGA

MIT NEIL ARMSTRONG AUF DEM MOND

Von La Chaux-de-Fonds bis zur Eroberung des Weltraums, von Montgolfière-Wettbewerben bis zu den Olympischen Spielen – die Familie Brandt war ihrer Zeit immer einen Schritt voraus. Ende des neunzehnten Jahrhunderts ging aus dem traditionsreichen Unternehmen Brandt & Frère die Marke Omega hervor. Als César und Louis Brandt 1894 ihre erste Taschenuhr mit 19linigem Kaliber fertigten, konnten sie nicht ahnen, daß ihre Produktionsleistung zu Beginn des zwanzigsten Jahrhunderts 200 000 Exemplare pro Jahr übersteigen würde – eine Rekordproduktion, die der Qualität von Omega keinen Abbruch tut. Die Söhne traten in die Fußstapfen ihrer Väter und übernahmen das Unternehmen. Von 1917 an trat das Erfolgsquartett Adrien, Paul, Gustave und Ernest an die Luftfahrt heran, und schon bald trugen englische und amerikanische Piloten Omega-Uhren am Handgelenk. Die Eroberung des Weltraums begann 1965 mit dem Entschluß der NASA, ihre Astronauten mit Speedmaster-Chronographen auszurüsten. Am 21. Juli 1969 setzten Neil Armstrong und Edwin Aldrin erstmals Fuß auf den Mond, und mit ihnen eroberte auch Omega diesen Planeten. Seit jenem denkwürdigen Tag haben die Speedmaster Professional Uhren an allen Weltraumprogrammen teilgenommen, von Gemini über Apollo bis hin zu den Shuttles. Und im April 1970 erhielt die Firma den Snoopy Award, die höchste Auszeichnung, die die NASA zu vergeben hat.

Parallel zu ihrem Engagement in der Luft- und Raumfahrt wurde Omega vom Internationalen Olympischen Komitee zum offiziellen Zeitnehmer bestimmt. Eine Aufgabe, die die Firma bisher einundzwanzigmal erfolgreich absolviert hat. Der Weltraum, die Olympiastadien und das Meer: Mit der Seamaster sind Profitaucher bis in eine Tiefe von 500 m vorgedrungen. Daneben hat das Unternehmen stets auch Prestigeuhren mit Komplikationen hergestellt, wie beispielsweise die Modelle Louis Brandt, die in limitierter, numerierter Auflage gefertigt werden. Die berühmteste aller Omega-Uhren aber ist und bleibt die Constellation – ein geradezu idealer Name für eine Uhr, die zum Mond gereist ist.

Als der NASA-Astronaut Neil Armstrong den Mond betritt, schaut er auf seine Omega Speedmaster Professional, um die genaue Zeit abzulesen. Speedmaster, der Automatikchronograph in Gold, ist ein Meisterwerk der Uhrmacherei mit dreifachem Kalender Tag/Monat/Datum. Das Datum wird am äußeren Rand des Zifferblatts durch den zentralen Zeiger mit dem kleinen Halbmond angezeigt.

SPEEDMASTER UND SEAMASTER

In limitierter, numerierter Auflage gefertigtes Automatikmodell aus der Kollektion Louis Brandt mit Gehäuse in 18 Karat Gold und Armbandschließe ebenfalls in Gold. Es gehört zu den Glanzstücken der Marke. Tag, Monat und Datum werden unter Berücksichtigung der Monate mit 30 Tagen, des 28 Februars und der Schaltjahre angezeigt. Auch eine Mondphasenanzeige ist vorhanden.

Speedmaster-Automatikchronograph in Gold und Stahl ohne Datumsanzeige. Die Chronographenzähler sind bei 3, 6 bzw. 9 angeordnet. Saphirglas, champagnerfarbenes Zifferblatt, Lederarmband, wasserdicht bis 30 m.

Für die Olympischen Spiele von Seoul (1988) und Barcelona (1992) wurden zwei limitierte Seamaster-Serien gefertigt. Diese Seamaster mit Gehäuse und Armband in Gold und Stahl gibt es wahlweise mit Quarz- und Automatikwerk. Sie ist wasserdicht bis 120 m und ebenfalls mit Zifferblatt in Blau, Schwarz oder Champagner erhältlich.

Speedmaster-Chronograph in Gold und Stahl mit kleiner 24-Stunden-Anzeige bei 9. Saphirglas, Krokodillederarmband, wasserdicht bis 30 m.

Das Automatikwerk des Speedmaster-Chronographen in Gold läuft mit 28 600 Halbschwingungen pro Stunde. Weitere Merkmale: Dreifacher Kalender Tag/Monat/Datum, Saphirglas, wasserdicht bis 30 m. Auch mit blauem Zifferblatt und Armband in Gold oder Stahl erhältlich.

Eine Besonderheit der Seamaster-Modelle ist der verschraubte Rückdeckel, der eine Wasserdichte bis 130 m gewährleistet. Dieses Modell mit Gehäuse und Armband in Stahl gibt es mit Quarz- oder Automatikwerk.

Das Armband dieser Seamaster in Gold und Stahl wird von einer speziellen Sicherheitsschließe für Taucher gehalten. Dieses Modell ist wasserdicht bis 120 m und existiert ebenfalls in einer goldenen Version mit Chronometerprüfzertifikat.

Eine Uhr wie die Seamaster in Titan, Tantal und Gold, wasserdicht bis 300 m, gibt es auf der Welt kein zweites Mal. Die Chronographendrücker lassen sich unter Wasser bedienen, und für Tauchgänge in große Tiefen gibt es bei 10 ein verschraubtes Helium-Druckventil.

SPEEDMASTER UND SEAMASTER

Seamaster mit Automatikwerk in Gold und Stahl mit blauem Emaillezifferblatt und Leuchtstundenzeichen hinter Saphirglas. Die Uhr ist wasserdicht bis 120 m.

Diese Speedmaster mit Automatikwerk und Gehäuse in Stahl gibt es auch mit weißem Zifferblatt und schwarzen Zeigern. Weitere Merkmale: Datumsanzeige, Lünette mit gravierter Tachymeterskala, achteckige Krone, Sprengdeckelboden, Saphirglas, wasserdicht bis 30 m.

Seamaster-Damenuhr in Gold und Stahl. Krone und Rückdeckel sind geschraubt und gewährleisten so eine Wasserdichtheit bis 120 m. Hier mit mit Leuchtstundenzeichen auf blauem Grund; es gibt die Uhr aber auch mit weißem oder champagnerfarbenem Zifferblatt.

Phantastischer Speedmaster-Chronograph in Stahl mit dreifachem Kalender Tag/Monat/Datum, Saphirglas, wasserdicht bis 30 m. Es gibt die Uhr auch mit cremefarbenem Zifferblatt. Das Armband ist aus mattem Louisiana-Krokodilleder gefertigt.

Interessant an dieser Omega ist das tonneauförmige Gehäuse im Stil der fünfziger Jahre. Quarzwerk, weißes Zifferblatt mit römischen Ziffern, Krokodillederarmband.

Quarzuhr für Damen aus der Kollektion De Ville in Gold und Stahl. Datumsanzeige bei 3, Saphirglas, wasserdicht bis 30 m.

Damenuhr in Gold aus der Kollektion De Ville. Technische Merkmale wie bei dem Modell links. Champagnerfarbenes Zifferblatt und Krokodillederarmband mit Schließe in Golddoublé.

Eine weitere Damenuhr aus der Kollektion de Ville mit Gehäuse in 18 Karat Gold. Datumsanzeige bei 3, Zentralsekunde, Saphirglas und Krokodillederarmband.

De Ville in Gold und Stahl für Herren, mit Datumsanzeige bei 3 und Zentralsekunde. Das champagnerfarbene Zifferblatt ist hinter Saphirglas geschützt. Es gibt die Uhr auch mit blauem, weißem oder cremefarbenem Zifferblatt und Armband in Gold und Stahl.

De Ville in Gold mit Quarzwerk für Herren. Das weiße Zifferblatt mit den römischen Ziffern ist hinter Saphirglas geschützt. Bei diesem sehr schlichten Modell wurde auf Datumsanzeige und Zentralsekunde verzichtet.

DIE KOLLEKTION DE VILLE

Goldene Quarz-Herrenuhr mit eckigem Gehäuse. Armband ebenfalls in Gold, weißes Zifferblatt mit römischen Ziffern, Saphirglas.

Das legendäre Modell Constellation gehört zu den Glanzstücken der Marke. Das originelle an dieser Herrenuhr mit Gehäuse und Armband in Gold und Stahl sind die in der Lünette eingravierten römischen Ziffern. Weitere Merkmale: 4 Goldkrappen, Datumsanzeige, Batterieanzeige, aufgesetzte Punktindexe in Gold auf weißem Zifferblatt, Sprengdeckelboden, Saphirglas, wasserdicht bis 30 m.

Omega-Herrenuhr aus der Kollektion De Ville in Gold und Stahl. Fenster zur Datumsanzeige bei 3, Zentralsekunde, Saphirglas, cremefarbenes Zifferblatt und Krokodillederarmband.

Omega-Damenuhr aus der Kollektion De Ville, Gehäuse und Armband in Gold und Stahl. Das champagnerfarbene Zifferblatt mit Datumsanzeige bei 3 ist hinter Saphirglas geschützt. Die Uhr ist wasserdicht bis 30 m.

Einer der größten Erfolgsschlager aus dem Hause Omega: die berühmte Constellation mit ihren charakteristischen vier Goldkrappen, hier in der Damenversion mit Gehäuse und Armband in Gold und Stahl. Es gibt die Uhr auch ganz in 18 Karat Gold.

Patek Philippe

Der Mythos der Uhrmacherkunst

Im Jahre 1839 gründeten Antoine-Norbert de Patek und François Czapek die Uhrenmanufaktur Patek, Czapek & Co. Sechs Jahre später trat Adrien Philippe, der die Welt der Uhren durch die Erfindung des modernen Kronenaufzugs revolutionieren sollte und damit den Aufzugsschlüssel überflüssig machte, an die Stelle von François Czapek. 1851 entstand die Firma Patek Philippe & Co, und noch im gleichen Jahr verkaufte sie auf der ersten Weltausstellung eine ihrer Uhren an Königin Victoria. Von 1845 bis 1991 meldete die Marke mit dem großen Namen fünfzehn für die Geschichte der Uhrmacherei bedeutende Patente an. Tradition, Innovation und höchste Qualität sind die Schlüsselworte für den Erfolg und das internationale Renommee von Patek Philippe. Seit einhundertsechsundfünfzig Jahren vereinigt die Manufaktur unter ihrem Dach Vertreter aus sieben Fachsparten, die für höchste Uhrmacherkunst verantwortlich zeichnen: Designer, Uhrmacher, Goldschmiede, Kettenschmiede, Graveure, Emailleure und Juweliere. Doch Patek Philippe kann sich auch brüsten, zu den Meistern der Komplikationen zu zählen, die die größte Herausforderung an das uhrmacherische Können stellen. In der Kaliber 89, einer Taschenuhr mit dreiunddreißig Komplikationen – einem der Kleinode aus der Privatsammlung des Hauses Patek Philippe – kommt die ganze Bandbreite der Kunst und des Könnens von Patek Philippe zum Ausdruck.

Seit Gründung des Unternehmens hat Patek Philippe nicht mehr als 600 000 Uhren gefertigt, doch alle Modelle haben die Moden der Zeit und die Generationen überdauert: die legendäre Calatrava mit ihren über sechzig Jahren ist und bleibt das meistverkaufte Modell. Die Ellipse ist bereits ein Vierteljahrhundert alt und scheint immer noch um keinen Tag gealtert. 1932, in dem Jahr, in dem die Marke in den Besitz der Familie Stern überging, fertigte Patek Philippe für den amerikanischen Sammler und Magnaten Henry Graves Junior das komplizierteste Meisterstück der Uhrmacherkunst überhaupt. Doch nicht nur die Uhren sind außergewöhnlich, auch die Jubiläen lassen aufhorchen. 1989, anläßlich ihres einhundertfünfzigjährigen Bestehens, wartete die Genfer Manufaktur mit einer Komplikation, der Minutenrepetition mit ewigem Kalender, ebenso auf wie mit einem Modell mit springender Stunde. Und 1992 gelang es Patek Philippe, uns mit einer tonneauförmigen Uhr mit Minutenrepetition, ewigem Kalender und retrograder Datumsanzeige zu überraschen – ein Kunstwerk mit dem Kreuz von Calatrava, dem Markenzeichen der Genfer Manufaktur.

Auf der Baseler Schmuckmesse 1992 präsentiert Patek Philippe diese wundervolle Herrenuhr in Gelbgold, wegen ihrer Form „Tonneau-Uhr" genannt. Ihre Funktionen sind vielfältig: Minutenrepetition, Mondphasenanzeige, ewiger Kalender, retrograde Datumsanzeige.

KALIBER 89
EINE LEGENDE

Die Kaliber 89 in Gold von Patek Philippe gilt weiterhin als die komplizierteste Uhr, die jemals hergestellt wurde. Es handelt sich dabei um eine Taschenuhr mit doppeltem Zifferblatt und dreiunddreißig Komplikationen. Sie besteht aus 1 728 Einzelteilen, 24 Zeigern und 12 Hilfszifferblättern, die auf zwei Hauptzifferblätter verteilt werden.
Nach neunjähriger Entwicklungszeit wurde die erste Kaliber 89 im Jahre 1989 rechtzeitig zum einhundertfünfzigsten Firmenjubiläum von Patek Philippe fertiggestellt. Sie wiegt 1,1 kg und bringt drei Hauptarten von Komplikationen mit höchster Perfektion zum Ausdruck: Kalendarium, Chronographenmechanismus und Läutwerk. Darüberhinaus hat sie noch über 20 weitere, zum Teil sehr ausgefallene, Komplikationen zu bieten.

Patek Philippe, Referenznummer 5040, Modell von 1992, in Gelbgold mit Kalenderfunktion unter Berücksichtigung der Schaltjahre. Automatisches Werk und Mondphasenanzeige.

Automatische Uhr in Gelbgold, Referenznummer 3940, von 1985, mit ewigem Kalender, Mondphase und Anzeige der Schaltjahre. Das Armband ist aus schwarzem Krokodilleder.

Automatische Uhr in Gelbgold, Referenznummer 5050, Modell von 1993, mit ewigem Kalender. Der Zeiger für die retrograde Datumsanzeige funktioniert mit Hilfe eines von Patek Philippe entwickelten völlig neuen Präzisionsmechanismus.

Diese Patek Philippe in Gelbgold mit der Referenznummer 5015, Modell 1993, mit automatischem Werk, zeigt die Mondphasen an. Die mit Saphirglas geschützte Uhr verfügt ferner über eine Gangreserveanzeige.

Phantastischer Chronograph in Rotgold, mit manuellem Aufzug, Referenznummer 3970, von 1986. Zur Ausstattung gehören ein 30-Minuten-Zähler und ein ewiger Kalender mit Mondphasenanzeige. Für Reisende wird darüberhinaus die Zeit mit AM/PM (vor Mittag/nach Mittag) angegeben.

DIE UHREN MIT KOMPLIKATIONEN

Dieser mechanische Chronograph mit ewigem Kalender in Gelbgold, Referenznummer 5020, Modell von 1994, zeigt die Mondphase an und läßt sich minutengenau auf das Mondalter einstellen. Auch hier erfolgt eine Unterscheidung nach AM/PM.

Ausgesprochen klassisch: Calatrava 3998 in Gelbgold mit automatischem Werk – in den Augen von Sammlern und Liebhabern symbolisiert sie am besten die Handwerkskunst von Patek Philippe.

Diese Calatrava 3820 in Rotgold ist mit einem ultraflachen, mechanischen Werk bestückt. Breguet-Zeiger und arabische Ziffern.

Calatrava 3998/1 mit Gehäuse und Armband in Gelbgold. Es handelt sich hier um eine Automatikuhr mit Zentralsekunde und Datumsanzeige bei 3 – ein gutes Beispiel für die Modellvielfalt der Marke.

Eine echte Rarität: skelettierte Calatrava 3883 in Gelbgold mit ultraflachem mechanischen Werk. Auch dreiundsechzig Jahre nach ihrem Entstehen ist diese Kollektion der ganze Stolz von Patek Philippe.

Calatrava 3796 in Rotgold mit mechanischem Werk. Das hinter Saphirglas geschützte Zifferblatt mit kleiner Sekunde bei 6 besteht ebenfalls aus Rotgold.

Die Kollektion Calatrava wurde nach dem Markenzeichen von Patek Philippe benannt: dem Kreuz von Calatrava. Bei der Uhr mit der Referenznummer 3802/200 handelt es sich um ein Automatikmodell in Gelbgold mit Zentralsekunde und Datumsanzeige.

Diese mechanische Calatrava in Rotgold mit der Referenznummer 3919 ist ein Aushängeschild für die Firma Patek Philippe: Blattzeiger, römische Ziffern, weißes Zifferblatt, Lederarmband.

Auch diese Calatrava mit der Seriennummer 3796 D ist ein ausgesprochen berühmtes Stück. Es handelt sich hier um eine mechanische Uhr in Gelbgold mit kleiner Sekunde bei 6.

Diese Uhr trägt den Namen Gondolo, so benannt nach den Gondolo-Chronometern, die Anfang des Jahrhunderts für die brasilianische Marke Gondolo & Labourien gefertigt wurden. Dieses Modell mit der Nummer 5014 in Gelbgold ist mit einem mechanischen Werk bestückt.

Eine weitere Gondolo mit der Referenznummer 5014. Sie ist eine echte Hommage an den Art-Déco-Stil der dreißiger Jahre. Die 1993 entstandene Uhr hat ein Gelbgoldgehäuse und ein mechanisches Werk, die Ziffern sind hier jedoch arabisch.

Die auffällige, leicht bauchige Kastenform stellt ganz besondere Anforderungen an die Fertigungstechnik. Herzstück dieser Uhr mit der Referenznummer 3842 in Rotgold ist ein ultraflaches, mechanisches Werk.

Wundervolle mechanische Gondolo (Referenznummer 5010/1) mit Gehäuse und Armband in Gelbgold. Hinter Saphirglas geschütztes Zifferblatt aus Porzellan, römische Ziffern und kleine Sekunde bei 6. Pure Ästhetik der neunziger Jahre bei Patek Philippe.

Um die Ellipse d'Or endgültig außer Reichweite der Fälscher zu bringen, hat Patek Philippe ein bemerkenswertes blaugrundiges Zifferblatt in 18 Karat Gold geschaffen. So scheinen die Zeiger und Stundenzeichen bei der mit einem automatischen Werk bestückten Uhr (Referenznummer 3738/100) im Meer des Zifferblattes zu treiben.

Die skelettierte Ellipse (Referenznummer 3880) in Gelbgold mit ultraflachem, mechanischen Werk ist eine der ausgefallensten und meistgesuchten Uhren der Marke. Selbst ein Vierteljahrhundert nach ihrer Erschaffung hat diese Kollektion nichts von ihrer Jugendlichkeit eingebüßt.

Ellipse mit mechanischem Werk (Referenznummer 3978/17) mit Gehäuse und Armband in 18 Karat Gelbgold. Das hinter Saphirglas geschützte Zifferblatt ist weiß mit römischen Ziffern in Schwarz. Die kleine Sekunde ist bei 6 angeordnet. Das erste Modell der Kollektion Ellipse kam 1968 auf den Markt.

Hier die unvergleichliche Nummer 3849 mit diamantbesetzter Lünette und vier diamantenen Stundenzeichen. Auch diese mit mechanischem Werk bestückte Uhr weist das goldene Zifferblatt mit blauem Grund auf.

Diese aus dem Stück gearbeitete massivgoldene Nautilus mit automatischem Werk ist wasserdicht bis 120 m. Armband und Stundenzeichen ebenfalls in Gold, Zentralsekunde und Datumsanzeige bei 3.

Diese Nautilus in Stahl hat ein mechanisches Werk. Für die achteckige, an den Ecken gerundete Lünette muß das Saphirglas von Hand zugeschnitten und bearbeitet werden. Die Kollektion Nautilus wurde 1976 entworfen.

Diese Nautilus von Patek Philippe in Gold und Stahl entspricht der technischen Beschreibung der oben gezeigten Modelle.

NAUTILUS

Nautilus-Damenuhr in Gold mit Quarzwerk. Das hinter Saphirglas geschützte Zifferblatt weist goldene Stundenzeichen und eine Datumsanzeige bei 3 auf. Dieses Modell ist wasserdicht bis 60 m.

Nautilus-Damenuhr in Gold und Stahl mit denselben technischen Merkmalen wie das Modell links.

Bestechend schöne Nautilus aus der Schmuckuhrenkollektion. Die Lünette und die Stundenzeichen sind diamantbesetzt.

Äußerst seltene Nautilus aus der Schmuckuhrenkollektion. Armband, Lünette und Zifferblatt mit Diamanten besetzt. Die Stunden werden durch vier Rubinbaguetten angezeigt.

Modell Flamme, Referenznummer 4816/3, mit Quarzwerk in Gelbgold mit Diamanten. Die Krone und der Ansatz des Armbandes sind diamantbesetzt. Auch für die Stundenzeichen wurden Diamanten eingesetzt.

Prachtvolle Gondolo (Referenznummer 4845/11 von 1994) mit Quarzwerk: eine harmonische Kombination aus Gelbgold, Diamanten und Saphirbaguetten. Das hinter Saphirglas geschützte Zifferblatt weist diamantene Stundenzeichen auf.

Diese Ellipse mit Quarzwerk von 1994 mit der Referenznummer 4832 besticht durch ausgesprochen originelles Design. Die Weißgoldeinfassung ist diamantbesetzt. Die Ziffern hinter dem Saphirglas sind arabisch und das Zifferblatt besteht aus Perlmutt.

Diese außergewöhnliche Ellipse mit Quarzwerk (Referenznummer 4821/11) von 1994 weist eine gelungene Mischung aus Gelbgold, Diamanten und Rubinen auf. Die Ziffern hinter dem Saphirglas sind arabisch, und das Zifferblatt besteht aus Perlmutt.

Faszinierende Gondolo (Referenznummer 4825 von 1994) mit Quarzwerk in Gelbgold und Diamanten mit Satinarmband. Für die Stundenzeichen wurden ebenfalls Diamanten eingesetzt.

Ausgesprochen klassische Gondolo mit Quarzwerk von 1994 mit der Referenznummer 4824. Gehäuse in Gelbgold, arabische Ziffern auf weißem Zifferblatt, traditionelles Lederarmband.

DIE DAMENUHREN

Ausgesprochen elegante Calatrava mit Quarzwerk, Referenznummer 4820/1, in Weißgold mit Diamanten. Die römischen Ziffern auf weißem Zifferblatt sind hinter Saphirglas geschützt.

Die einzige Uhr mit mechanischem Werk auf dieser Doppelseite: Calatrava Nummer 4860 in Gelbgold. Breguet-Zeiger und klassisches Lederarmband.

Rolex

Schmuckstück und Statussymbol

Von der Oyster, der 1926 erfundenen ersten wasserdichten Uhr, bis zum legendären Chronographen Oyster Perpetual Cosmograph Daytona „Paul Newman" – Die Saga der bekanntesten Marke der Welt beginnt mit dem leidenschaftlichen Interesse eines Waisenjungen aus Kulmbach an der Uhrmacherei. 1905, im Alter von 24 Jahren, gründete Hans Wilsdorf, der sich auf den Im- und Export von Schweizer Luxusuhren spezialisiert hatte, in London die Firma Wilsdorf & Davis. Drei Jahre später ließ der begeisterte Uhrenliebhaber und große Visionär der Armbanduhr die Schutzmarke Rolex, die bald zu einem Gütezeichen werden sollte, eintragen. Für die Fertigung der Uhren fand Wilsdorf in der Schweizer Manufaktur Aegler einen kompetenten Partner. In den folgenden fünfzehn Jahren wurde der Name Rolex zum Synonym für Qualität und Präzision. 1914 und 1915 erhielten Rolex-Uhren zwei der begehrten Chronometerzeugnisse „A" der Sternwarte Kew. Wilsdorf selbst war mittlerweile Uhrmachermeister geworden, und er hatte große Ambitionen: die Schaffung einer wasserdichten Uhr. 1926 reichte er das Patent für die Rolex Oyster ein. Im Juli 1927 durchschwamm Mercedes Gleitze den Ärmelkanal in 15 Stunden und 15 Minuten mit einer Rolex am Handgelenk. Bei ihrer Ankunft war die Uhr noch voll funktionsfähig und für Hans Wilsdorf und Rolex begann damit ein wahrer Höhenflug, der von Triumphen geradezu übersät war: 1931 erblickte die Oyster Perpetual und der Rotor-Selbstaufzug das Licht der Welt; 1938 gelang mit der Bubble Back die Schaffung eines echten Meisterwerks; 1945 folgte die Datejust und 1953 die Submariner, die dem Wasserdruck noch in 100 m Tiefe standhielt. Im selben Jahr bezwang Edmund Hillary mit einer Rolex am Handgelenk den Mount Everest. Die sechziger Jahre läutete Rolex mit einem unglaublichen Erfolg ein: Jacques Picard befestigte eine Oyster Special außen an seinem Bathyscaph Trieste und tauchte damit bis in eine Tiefe von 10 916 m. Nach jahrelanger Entwicklungsarbeit brachte Rolex Mitte der siebziger Jahre die legendäre Oyster Perpetual Cosmograph Daytona heraus, die durch Paul Newman zur Unsterblichkeit gelangte. Willkommen im exklusiven Club der Rolex-Fans!

Der Chronograph Oyster Perpetual Cosmograph Daytona in Gold und Stahl. Den Beinamen „Daytona" trägt er als Hommage an die Rennfahrer des berühmten Hochgeschwindigkeitsrundkurses von Florida, die die exzellente Ablesbarkeit dieser Uhr besonders zu schätzen wußten. Lanciert wurde diese Rolex-Kollektion, die auch in Stahl oder in 18 Karat Gold gefertigt wurde, im Jahre 1976. Zur Serie Daytona gehört auch das Modell „Paul Newman", so benannt nach dem berühmten amerikanischen Filmstar, der mit dieser Uhr um die Welt reiste.

DIE DAYTONA-KOLLEKTION

Oyster Perpetual Cosmograph Daytona: Dieser Chronograph von 1988 in 18 Karat Gold und Stahl ist an ein Armband aus Gold und Stahl mit Fliplock-Sicherheitsschließe montiert. Das Modell wird, wie hier gezeigt, mit champagnerfarbenem, aber auch mit weißem oder schwarzem Zifferblatt gefertigt, und es gibt zusätzlich eine Ausführung mit Diamanten als Stundenzeichen. Die Uhr ist wasserdicht bis 100 m.

Oyster Perpetual Cosmograph Daytona: Dieses Modell in 18 Karat Gold gehört zu der 1991 lancierten neuen Kollektion. Das automatische Werk läuft mit 28 600 Halbschwingungen pro Stunde. Neben einer extremen Ganggenauigkeit bietet diese Uhr eine Wasserdichtheit bis 100 m. Sie ist hier mit einem Krokodillederarmband mit Fliplock-Sicherheitsschließe zu sehen.

Oyster Perpetual Cosmograph Daytona: Dieses Modell ganz in Stahl gehört ebenfalls zur 1991er Kollektion. Anstelle des hier gezeigten weißen, gibt es auch ein schwarzes Zifferblatt. Drücker und Aufzugskrone sind verschraubt, um die Wasserdichtheit zu gewährleisten. Das Saphirglas ist so gut wie unzerbrechlich und absolut kratzfest. Das Stahlarmband ist mit einer Fliplock-Sicherheitsschließe versehen.

Oyster Perpetual Datejust: Dieser Automatik-Chronometer in Stahl mit der Referenznummer Rolex 16200 ist wasserdicht bis 100 m. Anstelle des Oyster-Stahlarmbandes kann auch ein Jubilé-Armband montiert werden.

Oyster Perpetual Datejust Turn-O-Graph: Dieser Automatik-Chronometer in Gold und Stahl weist eine goldene Lünette auf. Er ist wasserdicht bis 100 m. Anstelle des Oyster-Armbandes in Gold und Stahl kann auch ein Jubilé-Armband montiert werden.

Oyster Perpetual Air-King: Diese Automatik-Uhr gibt es nur in Stahl mit Oyster-Armband. Saphirglas. Wasserdicht bis 100 m.

Oyster Perpetual Explorer II: Automatik-Chronometer in Stahl mit Oyster-Armband, 24-Stunden-Lünette und -Zeiger sowie unabhängig einstellbarem 12-Stunden-Zeiger zur gleichzeitigen Anzeige von zwei verschiedenen Zeitzonen.

Oyster Perpetual Date Submariner: Dieser Chronometer in Gold und Stahl mit Fliplock-Band weist einen drehbaren Einstellring zur Kontrolle der Tauchzeiten und eine mit Nocken geschützte Aufzugskrone auf. Dieses Modell gibt es auch mit goldgeränderter schwarzer Lünette; die Wasserdichtheit liegt bei 300 m.

Oyster Perpetual Date Yacht-Master: Dieses Modell gibt es nur in 18 Karat Gold und mit weißem Zifferblatt. Der Taucher-Drehring mit Reliefgravur weist zur Messung der Tauchzeit eine 60-Minuten-Einstellung auf. Die Uhr ist wasserdicht bis 100 m; das Zifferblatt ist hinter Saphirglas, die Aufzugskrone mit Nocken geschützt.

Oyster Perpetual GMT-Master II: Chronometer in Stahl mit zweifarbiger, drehbarer 24-Stunden-Lünette. Der unabhängig einstellbare rote Zeiger zeigt eine zweite Zeitzone an. Die Uhr ist wasserdicht bis 100 m.

Oyster Perpetual Date Submariner: Chronometer in Stahl mit Fliplock-Band und drehbarem Einstellring zur Kontrolle der Tauchzeiten. Die Uhr ist wasserdicht bis 300 m.

Oyster Perpetual Day-Date Super President: Diesen Chronographen gibt es in 18 Karat Gelbgold und in Weißgold. Anstatt wie hier in Englisch läßt sich der Wochentag in vierundzwanzig verschiedenen Sprachen anzeigen. Diamantbesetzte Stundenzeichen, Automatikwerk, Saphirglas. Der Papst trägt dieses Modell, das auch bei Präsidenten und Staatschefs besonderen Anklang findet.

Oyster Perpetual Datejust: Automatikchronometer mit der Referenznummer 16220 in Stahl, mit Sahirglas und Jubilé-Armband in Stahl. Zifferblatt in Silber mit Webmuster.

Oyster Perpetual Datejust in Gold und Stahl mit Jubilé-Armband, ebenfalls in Gold und Stahl. Elfenbeinfarbenes Jubilé-Zifferblatt mit arabischen Ziffern, automatisches Werk.

Oyster Perpetual Datejust: Für diesen Automatikchronometer in Gold und Stahl werden siebzehn verschiedene Zifferblattvarianten angeboten, darunter sieben mit Diamanten. Dieses Modell ist der wohl klassischste Vertreter der Kollektion „Ville-Sport".

DIE KOLLEKTION „VILLE-SPORT“

Lady Oyster Perpetual: Damenchronometer in Gold und Stahl mit Oyster-Armband, ebenfalls in Gold und Stahl. Automatikwerk, Saphirglas, wasserdicht bis 100 m.

Oyster Perpetual Datejust: Automatikchronometer mit weißem Zifferblatt und römischen Ziffern. Datumsanzeige, Saphirglas, wasserdicht bis 100 m.

Oyster Perpetual Lady Datejust: Dies ist die meistverkaufte Damenuhr der Kollektion „Ville-Sport“. Sie ist hier in Gold und Stahl mit zehn Diamanten auf dem Zifferblatt gezeigt; es gibt sie aber auch ganz in Gold. Wählen kann man zwischen neunzehn verschiedenen Zifferblattvarianten. Automatikwerk und Saphirglas.

Oyster Datejust 31 Millimeter: mittelgroßes Automatikmodell mit der Referenznummer 68240. Anstelle des hier gezeigten Jubilé-Armbandes kann auch ein Oyster-Armband gewählt werden.

Lady Oyster Perpetual: Anstelle der hier gezeigten Gold-Stahl-Kombination ist diese Uhr auch ganz in Gold erhältlich. Auch beim Armband besteht die Wahl zwischen Jubilé (wie abgebildet) und Oyster in Gold und Stahl. Automatikwerk und Saphirglas.

Diese Oyster Perpetual Date in Stahl aus den sechziger Jahren ist mit einem Oyster-Stahlarmband und einer Plexiglasabdeckung bestückt. Sie ist wasserdicht bis 50 m.

Diese Oyster Perpetual Datejust aus den sechziger Jahren hat ein Chronometerzertifikat (siehe entsprechenden Hinweis auf dem Zifferblatt). Plexiglasabdeckung und Jubilé-Armband.

DER CITYLOOK

Diese Turn-O-Graph aus den sechziger Jahren war nicht in allen Ländern erhältlich und gilt daher als besondere Rarität. Einseitig drehbare Lünette in Weißgold, Gehäuse und Armband in Stahl, Plexiglasabdeckung, wasserdicht bis 50 m.

Diese mechanische Rolex Oyster „Shock Resisting“ wurde Anfang der fünfziger Jahre hergestellt und ist, wie der Name sagt, stoßfest. Polierte Lünette, weißes Zifferblatt, Stundenzeichen in Emaille, Lederarmband.

Diese Oyster Perpetual aus den vierziger Jahren ist eine der ersten wasserdichten Uhren. Verschraubte Aufzugskrone, Leuchtziffern und Rhodiumwerk. Das Werk läuft garantiert auf 19 Rubinen und ist mit einer monometallischen Unruh bestückt. Das Armband ist aus Krokodilleder.

Dieses Ende der siebziger Jahre entstandene Quarzmodell wurde nur in sehr geringer Auflage produziert und ist daher ein ausgesprochen begehrtes Sammlerstück. Besonders originell: das angearbeitete Armband.

Diese Oyster Date Precision mit mechanischem Werk entstand Mitte der vierziger Jahre. Gehäuse und Armband in Golddoublé, letzteres mit Nietverbindungen im „amerikanischen Stil".

Diese automatische Oyster Date Bubble Back aus den ausgehenden dreißiger Jahren hat mit zum legendären Erfolg der Marke beigetragen. Das Gehäuse mit einem Durchmesser von 32 mm ist in Stahl. Dies ist die erste wasserdichte Rolex – eine Tatsache, die die Uhr ihrem verschraubten, kugelförmig gebauchten Rückdeckel verdankt.

Mechanische Rolex Precision in Gold aus den vierziger Jahren. Zur Stundenanzeige weist das Zifferblatt hinter der Plexiglasabdeckung das berühmte Markenlogo, drei arabische Ziffern und acht Stundenzeichen auf. Armband in Straußenleder.

Mechanische Oyster „Shock Resisting" aus den fünfziger Jahren mit Zentralsekunde und Plexiglasabdeckung. Wasserdicht bis 30 m.

Mechanische Oyster Precision in Stahl: ein typischer Vertreter der fünfziger Jahre. Geschraubte Aufzugskrone, Plexiglasabdeckung und Armband im amerikanischen Stil.

Oyster Submariner in Stahl aus den siebziger Jahren mit Datumsanzeige bei 3. Beidseitig drehbare Lünette, Plexiglasabdeckung mit Datumslupe und verschraubte Aufzugskrone. Wasserdicht bis 200 m.

Mechanische Oyster in Stahl aus den fünfziger Jahren mit geschraubter Aufzugskrone. Arabische Ziffern hinter Plexiglas, Straußenlederarmband.

Diese wunderschöne automatische Uhr in Stahl entstand Ende der zwanziger Jahre. Sie war die erste, die am Handgelenk einer Schwimmerin unbeschadet den Ärmelkanal durchquerte. Der kugelförmig gebauchte Rückdeckel und die Aufzugskrone sind geschraubt.

Diese äußerst seltene Submariner aus den fünfziger Jahren wurde von Sean Connery in seinem Film „James Bond jagt Dr. No" getragen, und das trug ihr den Beinamen „James Bond" ein. Die Aufzugkrone ist geschraubt, die Uhr ist wasserdicht bis 100 m. Auffallend: Die eierschalfarbenen fluoreszierenden Stundenzeichen.

Bei diese Submariner in Stahl aus den siebziger Jahren wurde ebenso wie beim James-Bond-Modell auf eine Datumsanzeige verzichtet. Dafür ist das Armband mit einer Spezialsicherheitsschließe für Taucher ausgestattet. Dieses Modell wird abgesehen von einigen technischen Verbesserungen auch heute noch in dieser Form produziert.

Swatch

Frech, jung und beschwingt

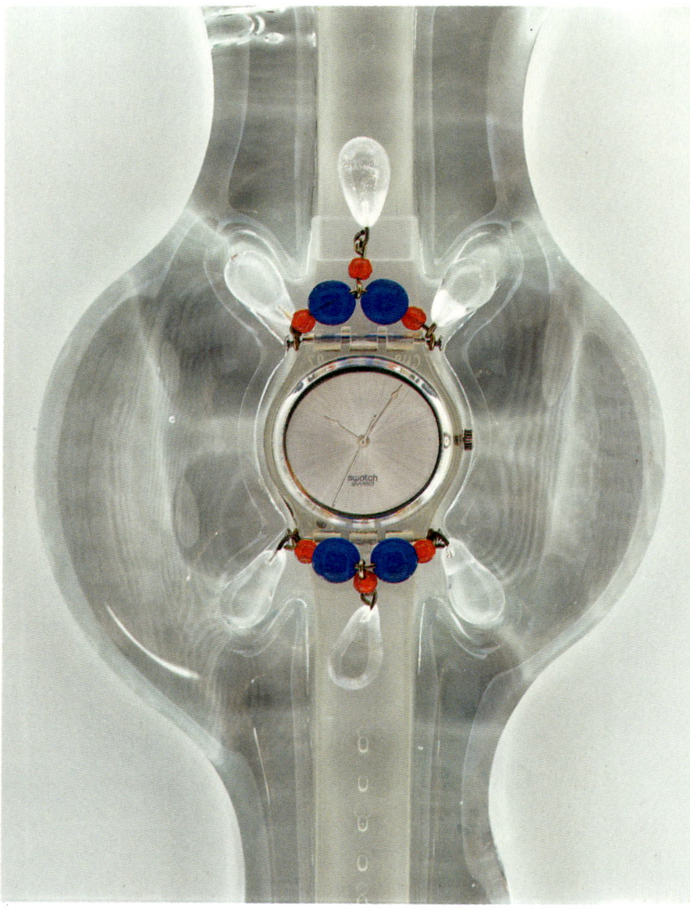

Im September 1993 richtete Swatch in Zermatt ein unvergeßliches Fest aus, um den Verkauf der einhundertmillionsten Swatch zu feiern. Hundert Millionen verkaufte Swatch-Uhren in zehn Jahren! Selbst wenn sich seither die „Swatchomanie“ etwas gelegt hat, wird die Swatch immer ein Phänomen bleiben. Sie hat die Welt der Uhren revolutioniert und ihr eine zweite Jugend beschert. Das Votum des Publikums ist eindeutig, selbst wenn einige kritische Gemüter zu bedenken geben, es handele sich hier um eine reine Modeuhr. Der Legende zufolge entstand der Name der Marke aus der Kombination von Swiss und watch. Swatch ist ein Synonym für Provokation, Phantasie und Erfolg. Wenn Swatch seinen Triumph auch hauptsächlich Nicolas Hayek, dem Präsidenten des SMH-Konzerns und Schöpfer, Errichter und Vertreiber der Marke, verdankt, so darf nicht übersehen werden, daß das eigentliche Konzept die Frucht der Begegnung zweier sich ideal ergänzender Ingenieure ist – Jacques Muller und Elmar Mock. Zu diesem Duo gesellte sich Bernard Muller, der Bruder von Jacques, und seine Lebensgefährtin, die Stylistin Marlyse Schmid. Die erste Swatch von 1982 besitzt bereits alle charakteristischen Merkmale: Sie kombiniert pfiffiges Design mit hervorragender Verarbeitungsqualität, wiegt zudem nur 20 g und ist wasserdicht bis 30 m. Das Glas ist im Spritzgußverfahren aus Thermoplast gefertigt und mit Ultraschall verschweißt. Das aus 51 Einzelteilen zusammengesetzte Quarzwerk ist im Gehäuse vergossen. Ein erschwinglicher Preis, Originalität, Zuverlässigkeit und eine unglaubliche Modellvielfalt – die Swatch schlug ein wie eine Bombe. Sie traf den Nerv der Zeit und sie war mit jedem Kleidungsstil kombinierbar – von klassisch-elegant bis zu ausgeflippt. Limitierte und numerierte Ausgaben, wechselnde Themen und Modeeinflüsse machten aus dieser Uhr ein Kultobjekt für Sammler. Am 15. August 1990 gründete Swatch den Swatch Collectors' Club mit Niederlassungen in den Vereinigten Staaten, in Deutschland, Frankreich, Italien, ja sogar in Japan. Nicht zu vergessen die Tauschbörse Swatch Street Journal. Auch die neuen Modelle von Swatch, insbesondere die Chronographen, erwiesen sich als Erfolgsschlager. Beim Betrachten des Phänomens Swatch kommt man aus dem Staunen einfach nicht heraus!

Diese Swatch Chandelier wurde zu Weihnachten 1992 in limitierter Auflage produziert. Sie ist mit Muranoperlen verziert und gehört zur Christmas Collection. Sie wurde in einem Holzkästchen verkauft.

SPIEGEL EINER EPOCHE

Von links nach rechts: Der jüngste Sproß der Scuba-Familie (1994): Quarzuhr für Taucher mit einseitig drehbarer Lünette, wasserdicht bis 200 m.

Silver Baron von 1994, eine Vertreterin der neuen Swatch-Generation mit Automatikwerk.

Diese Scuba von 1988 wurde anläßlich der Olympischen Spiele im koreanischen Seoul produziert.

Gedenkuhr zur Erinnerung an das Fest zum Verkauf der einhundertmillionsten Swatch innerhalb von zehn Jahren im April 1992.

Swatch Pompadour, Christmas in Versailles, 1988.

Swatch Hollywood Dream, 1990.

Swatch Asetra, 1991.

Limelight von 1985. Zifferblatt mit Saphiren, Rubinen, Smaragden und Diamanten verziert.

Klassische Swatch Pompadour, 1988.

Swatch Roi Soleil, Christmas 1993.

Swatch Mozart, Christmas in Vienna, 1989.

Swatch Bergstrüssli, 1987.

Swatch von 1991, Modell Peter Früh.

Die Swatch Limelight II kam 1987 auf den Markt und wird auch „Diamanten-Swatch" genannt.

Die Swatch Test von 1991 wurde von Chérif und Sylvie Defraoui entworfen; sie kam anläßlich des siebenhundertjährigen Jahrestages der Schweizerischen Eidgenossenschaft heraus.

Das originelle an dieser Swatch Classic ist das zusätzliche transparente Schutzgehäuse.

Diese Swatch Flack von 1991 wurde von Nicklaus Troxler, dem Gründer und Leiter des Jazz Festivals von Willisau zum Gedenken an das siebenhundertjährige Bestehen der Schweizerischen Eidgenossenschaft entworfen.

Der Entwurf für die „Lots of Dots“ von 1990 stammt von dem Mailänder Architekten Alessandro Mendi. Sie wurde an die Mitglieder des Swatch Collectors' Club ausgegeben.

Swatch 360° Su Rosso Blackout, 1991. Der Entwurf für diese Uhr stammt von dem in Locarno geborenen Felice Varini und kam ebenfalls anläßlich des siebenhundertsten Jahrestages der Schweizerischen Eidgenossenschaft auf den Markt.

Swatch Modell Wheel Animal von 1991, entworfen von dem in New York lebenden Schweizer Künstler Vital, ebenfalls im Gedenken an den siebenhundertsten Jahrestag der Schweizerischen Eidgenossenschaft.

Eine echte Rarität: Swatch Modell „4349“, so benannt, weil dieser Chronometer mit Quarzwerk mit dem offiziellen Schweizer Chronographenzertifikat Nr. 4349 geliefert wird.

TAG HEUER

ZU HAUSE IN DER WELT DES PROFISPORTS

Im Jahre 1920, sechzig Jahre nach Gründung seiner Uhrenmanufaktur in der Schweiz, wurde Edouard Heuer zum offiziellen Zeitnehmer bei den Olympischen Spielen von Antwerpen bestellt. 1985 übernahm der Konzern TAG (Techniques d'Avantgarde) die Aktienmehrheit bei Heuer. 1992 wurde TAG Heuer vom Internationalen Rennverband der Formel 1 als offizieller Zeitnehmer bei den Weltmeisterschaften der Formel 1 eingesetzt. Seit nunmehr fünfunddreißig Jahren ist TAG Heuer in der Welt des Sports zuhause.

1889 erhielt Edouard Heuer bei der Pariser Weltausstellung erstmals eine internationale Auszeichnung für seine Kollektion von Stoppuhren. Doch dies ist erst die unterste Stufe der Erfolgsleiter. Die Chronographen der Marke, die bis auf Hundertstelsekunden genau gehen, sind untrennbar mit den Olympischen Spielen verbunden – Antwerpen, Paris, Amsterdam, Moskau, Lake Placid. Gleichzeitig lösen eine Erfindung und ein Patent das andere ab: der Mareograph, der Microtimer mit einer Meßgenauigkeit von 1/1000-Sekunde, die Microsplit. Dann der Einzug in die Welt der Formel 1, wo Heuer von 1971 bis 1979 die prestigeträchtige Rolle des offiziellen Zeitnehmers für das Ferrari-Team bekleidete. Aus der Fusion mit TAG entstand eine beeindruckende Kollektion von Armbanduhren, die Serie Sport und Eleganz, oder kurz S/el. 1988, in dem Jahr, in dem der Chronograph S/el mit Zehntelsekundenzähler herauskommt, unterzeichnete Carl Lewis einen Vertrag mit TAG Heuer. Unter dem Motto „immer schneller, immer besser" geht die Marke 1990 mit den Kollektionen 1500 und 4000 auf den Markt. Der Chronograph Pilot ist ein multifunktionaler „Bordcomputer" mit einer Wasserdichtheit von 200 m. Die 1000 M ist sogar bis in 1000 m Tiefe dicht. Dank einer beidseitig drehbaren Lünette mit 24-Stunden-Teilung und einem zweiten Stundenzeiger zeigt die GMT jederzeit eine zweite Zeitzone an. 1995 schließlich bringt TAG Heuer in limitierter Auflage eine Gedenkuhr als Hommage an den verunglückten Formel-1-Rennfahrer Ayrton Senna heraus. Der Verkaufserlös fließt einem Fond für notleidende Kinder in Brasilien zu, den der Weltmeister vor seinem tragischen Unfall ins Leben gerufen hatte. Die Welt des Sports als Herzensangelegenheit, auch dies repräsentieren die Uhren von TAG Heuer.

Die Kollektion 6000, jüngster Sproß der Marke, gehört zu den Spitzenprodukten des Chronometerherstellers TAG Heuer. Sie ist mit einem automatischen Werk, einer einseitig drehbaren Lünette und einer Datumsanzeige bei 3 ausgestattet und wasserdicht bis 200 m. Sie wird mit Chronometerprüfzertifikat geliefert.

DIE TECHNIK VON MORGEN

Dieser Chronograph aus der Serie 2000 mit Quarzwerk in kugelgestrahltem Stahlgehäuse mit verschraubter Krone ist wasserdicht bis 200 m. Das Zifferblatt mit drei Zählern bei 2, 6 und 10 sowie einer Datumsanzeige bei 4 ist hinter Saphirglas geschützt.

Uhr aus der Kollektion S/el mit Quarzwerk, einseitig drehbarer Lünette und verschraubter Aufzugskrone. Wasserdicht bis 200 m. Lederarmband und Saphirglas.

Quarzchronograph aus der Kollektion S/el mit Gehäuse und Armband in satiniertem Stahl. Dank der geschraubten Krone ist die Uhr wasserdicht bis 200 m.

Die berühmte Kollektion 6000 von TAG Heuer mit Chronometerprüfzertifikat gibt es mit Quarz- oder Automatikwerk, Zifferblatt in Silber, Grau, Blau, Schwarz oder Champagner sowie einem unvergleichlichen Gehäuse in Gold und Edelstahl oder ganz in Gold.

Chronograph 2000 mit Quarzwerk, wasserdicht bis 200 m, mit Leuchtzeigern und -stundenzeichen, Zehntelsekundenanzeige und Anzeige von zwei Vergleichszeiten. Anstelle des Lederarmbands gibt es die Uhr auch mit kugelgestrahltem Stahlband. Hier mit schwarzen Zählern auf graugrundigem Zifferblatt gezeigt.

Chronograph 2000 mit Quarzwerk. Der Minutenzähler ist im großen Zifferblatt integriert. Der Zehntelsekundenzähler ist bei 2, die kleine Sekunde bei 6, die Datumsanzeige bei 4 und der Stundenzähler bei 10 plaziert.

Dank einer ultrastarken Batterie läuft diese Quarzuhr mit kugelgestrahltem Stahlgehäuse aus der Kollektion 2000 zwei Jahre lang. Das hinter Saphirglas geschützte Zifferblatt weist eine Datumsanzeige bei 3 auf. Das Armband wird von einer Sicherheitsfaltschließe gehalten.

Diese Quarzuhr aus der Serie S/el Leather ist an einem Lederarmband mit Faltschließe montiert. Sie verfügt über eine Batterieanzeige und eine Datumsanzeige bei 3. Sie ist wasserdicht bis 200 m und auch mit weißem Zifferblatt und in einer Version in Stahl und Gold erhältlich.

Noch ein Chronograph 2000, hier in Stahl und Gold mit Lederarmband und Automatikwerk. Die im Glas integrierte Datumslupe sorgt für optimale Ablesbarkeit. Dank der geschraubten Krone ist die Uhr wasserdicht bis 200 m.

Uhr aus der Serie S/el Leather mit Gehäuse in Golddoublé und Stahl. Quarzwerk, Leuchtzeiger und -stundenzeichen. Wasserdicht bis 200 m.

DIE KOLLEKTIONEN 2000 UND S/EL

Mittelgroße Uhr aus der Kollektion S/el Leather mit Quarzwerk, Gehäuse in Stahl, grauem Zifferblatt mit einseitig drehbarer Lünette, Batterieanzeige und geschraubter Krone, wasserdicht bis 200 m, Büffellederarmband mit farblich abgesetzten Steppnähten.

Mittelgroße Uhr aus der Kollektion S/el Leather mit Quarzwerk, Gehäuse in Golddoublé und Stahl, ansonsten mit den gleichen technischen Merkmalen wie bei dem Modell oben rechts beschrieben.

Diese Quarzuhr aus der Kollektion S/el ist an einem polierten und satinierten Stahlarmband mit doppelter Sicherheitsschließe montiert. Leuchtzeiger und -stundenzeichen, Batterieanzeige.

Diese Quarzuhr aus der Kollektion S/el gibt es auch mit automatischem Werk. Einseitig drehbare Lünette und graues Zifferblatt mit Datumsanzeige bei 3. Dank der verschraubten Aufzugskrone ist die Uhr wasserdicht bis 200 m.

Quarzchronograph der Kollektion S/el, hier mit weißgrundigem Zifferblatt. Gehäuse und Armband in satiniertem Stahl. Exzentrisch angeordnete Zähler und Datumsanzeige bei 4.

S/el-Damenuhr mit Quarzwerk. Gehäuse und Armband in Stahl, einseitig drehbare Lünette. Dank der verschraubten Aufzugskrone ist die Uhr wasserdicht bis 200 m.

Mittelgroße Uhr aus der Kollektion S/el mit denselben technischen Merkmalen wie das links gezeigte Damenmodell.

S/EL – SPORT UND ELEGANZ

Chronograph in Stahl mit Quarzwerk mit einer Ablesegenauigkeit bis auf Zehntelsekunden. Der Minutenzähler ist im großen Zifferblatt integriert und die Datumsanzeige bei 4 plaziert. Auch dieses Modell ist wasserdicht bis 200 m.

S/el-Herrenuhr mit Quarzwerk, Gehäuse und Armband in Golddoublé und Stahl. Leuchtzeiger und -stundenzeichen.

Ästhetisch ansprechende Damenuhr mit Quarzwerk aus der Kollektion S/el. Gehäuse und Armband aus Golddoublé. Leuchtzeiger und -stundenzeichen.

S/el-Herrenuhr mit Lünette und Aufzugskrone in Golddoublé, Armband in satiniertem Stahl. Technische Merkmale wie bei den übrigen Modellen der Kollektion S/el.

Das gleiche Modell aus der Kollektion S/el, jedoch in der Damenversion, mit Gehäuse und Armband in Golddoublé und Stahl.

Zenith

Ein Stern am Uhrenhimmel

Als die Schweizerische Eidgenossenschaft ihren siebenhundertsten Geburtstag feierte, wurde die von Georges Favre-Jacot in Le Locle gegründete Uhrenmanufaktur einhundertfünfundzwanzig Jahre alt. Um dieses doppelte Ereignis würdig zu feiern, präsentierte Zenith zwei limitierte Auflagen ihres prestigeträchtigsten Chronographen, des unvergleichlichen El Primero. Zenith steht hoch am Uhrenhimmel – Ehrungen, Preise, Goldmedaillen, von den großen Observatorien bescheinigte Rekorde – Zenith nahm sie zu Hunderten entgegen. In Le Locle spricht man gar von 1500 Auszeichnungen. Zu Beginn des zwanzigsten Jahrhunderts hatte sich die Manufaktur im Schweizer Kanton Neuchâtel mit ihren qualitativ hochwertigen Chronographen bereits einen Namen gemacht; einen Namen, der bis über die Landesgrenzen hinaus bekannt war und in ganz Europa und Amerika die Herzen der Uhrenliebhaber höher schlagen ließ. Die Marinechronometer gehörten zu den besten, die die Schweiz zu bieten hatte. Für die Uhrmachermeister von Zenith stand Tradition nie im Widerspruch zu Forschung und Entwicklung. Mit den Chronographen der Linie El Primero erreichte Zenith den Höhepunkt seines technischen Könnens. Das revolutionäre Automatikwerk mit seiner Unruhfrequenz von 36 000 Halbschwingungen pro Stunde und einer Gangreserve von mindestens 50 Stunden wird sogar von der Konkurrenz verwendet. Die ersten Modelle der Linie El Primero kamen 1969 auf den Markt. Die Entwicklungsarbeiten liefen 1966 an und fanden 1989 ihren krönenden Abschluß in eben jenem berühmten „ultimativen" Chronographen, der 1991 in limitierter Auflage herausgebracht wurde. Ein Jahr später bekam die Primero-Familie Zuwachs um einen weiteren Luxuschronographen: die bestechende, rassige Rainbow: Eine phantastische Sportuhr der Spitzenklasse, so benannt nach der amerikanischen Crew, die 1934 in Newport gegen die Endeavour den fünfzehnten America Cup errang. Auch dieser Automatikchronograph war mit einem Kaliber El Primero bestückt und wurde in einer limitierten Stückzahl von 500 Exemplaren zum einhundertfünfundzwanzigsten Jubiläum der Marke verkauft. 1993 zeigte sich die Manufaktur in Le Locle erneut von ihrer innovativen Seite und brachte die Linie Via Veneto heraus – eine Quarzuhrenkollektion, die die ganze Lebenskunst und Unbeschwertheit Italiens zum Ausdruck bringt.

Das Herzstück des Chronographen El Primero in Golddoublé von 1993 mit Mondphasenanzeige ist das beste Uhrwerk der Welt. Es gehört zu den wenigen, das noch mit einem Schaltrad arbeitet, das als eigentliche Grundlage eines echten Chronographenwerks gilt. Das automatische Kaliber 410 schwingt mit einer Unruhfrequenz von 36 000 Halbschwingungen pro Stunde. Nicht zuletzt wegen des eleganten Emaillezifferblatts mit seinen drei Fenstern für Tag/Monat/Datum ist der Chronograph El Primero ein echtes Vorzeigestück.

DIE CHRONOGRAPHEN EL PRIMERO

Der Chronograph El Primero mit Tachymeterskala gilt als eines der Kleinode Schweizer Uhrmacherkunst. Die Uhr ist nicht nur am Markenlogo im Zifferblatt zu erkennen: Auch das Datumsfenster bei 4 ist typisch für die Marke.

Beispiel für eine der vielen Varianten des Chronographen El Primero. Dieser hier mit Kaliber 410 weist mehrere Komplikationen auf, darunter eine Mondphasenanzeige und drei Fenster für Tag/Monat/Datum.

Dieser Taucherchronograph aus der Serie El Primero ist mit einem Automatikwerk und einer einseitig drehbaren Lünette ausgestattet. Er ist an einem Stahlarmband montiert und dank der verschraubten Krone wasserdicht bis 200 m. Die Zeiger und Stundenzeichen sind fluoreszierend.

Chronograph in 18 Karat Gold von 1994 mit rechteckigen Drückern. Silbernes Zifferblatt mit Datumsanzeige zwischen 4 und 5. Die Uhr weist ein Straußenlederarmband mit goldener Schließe auf.

Dieser automatische Chronograph ist ein ausgesprochen seltenes Stück. Er wurde anläßlich des siebenhundertjährigen Bestehens der Schweizerischen Eidgenossenschaft in limitierter Auflage von 900 Exemplaren gefertigt. Dieses Modell ist auf dem Zifferblatt und im Rückdeckel numeriert und hat die Chronometerprüfung absolviert. Drücker, Zeiger und Stundenzeichen in Gold.

Automatischer Chronograph Rainbow mit Kaliber El Primero 400, von 1992. Über 50 Stunden Gangreserve. Chronographenfunktionen, 30-Minuten- und 12-Stunden-Zähler, Start/Stop-Funktion und Rückstellung werden über Drücker bedient. Chronometerfunktionen: Stunden, Minuten, Sekunden. Datumsfunktion mit sofortigem Datumswechsel und Datumschnelleinstellung.

Ausgesprochen klassisch: das Modell Prime mit Handaufzug von 1994. Der Glasboden gibt den Blick auf das Werk frei. Schwarzes Zifferblatt mit Leuchtzeigern und -ziffern. Rechteckige Drücker, Datumsanzeige zwischen 4 und 5.

Automatischer Chronograph Rainbow mit Kaliber El Primero 400. Funktionen wie bei dem Modell auf der gegenüberliegenden Seite unten links.

Taucherchronograph El Primero mit automatischem Kaliber 410. Herzstück des Werks ist ein Schaltrad, das über Drücker bedient wird. Es steuert Start, Stop und Rückstellung des Chronographenzeigers sowie die Stunden- und Minutenzähler.

Dieser Chronograph El Primero automatic in Gold ist mit einer feststehenden Lünette mit gravierter Tachymeterskala sowie einem Armband aus Krokodilleder ausgestattet. Das Zifferblatt ist mit entspiegeltem Saphirglas abgedeckt.

Taucherchronograph El Primero mit Zenith-Automatikwerk von 1992. Krone und Drücker geschraubt, einseitig drehbare Lünette. Armband in Stahl und Gold. Wasserdicht bis 200 m.

Register

Glossar

Anzeige: Bei einer Uhr mit Flüssigkristallen das System zur Zeitanzeige in Ziffern.

Batterieanzeige: Anzeige, die darauf hinweist, daß die Batterie erschöpft ist und gewechselt werden muß.

Cabochon: Polierter aber nicht in Facetten geschliffener Edelstein zur Verzierung von Zifferblatt oder Aufzugskrone.

Chronomat: Armbanduhr mit Chronograph und Rechenschieber. Erfindung von Willy Breitling aus den vierziger Jahren.

Chronometer: transportable Uhr mit amtlich geprüfter und durch Prüfungszeugnisse beglaubigter höchster Ganggenauigkeit, besonders für Luft,- Raum- und Seefahrt.

Datumsanzeige: Ziffer zur Angabe des jeweiligen Tages im Monat; entspricht dem Datum.

Dorn: Beweglicher, spitzer Teil der Schließe, der in die im Armband vorgesehene Öffnung eingeführt wird.

Ewiger Kalender: Kalender, der automatisch die Monatsdauer und die Schaltjahre berücksichtigt.

Fenster: Öffnung im Zifferblatt für die Anzeige eines Wertes, zum Beispiel des Datums.

Frequenz: Bei Quarzuhren die Anzahl der Schwingungen pro Sekunde.

Funktion: Jede mit der Messung der Zeit verbundene Operation (z. B. Chronographie, Datumsanzeige)

Große Komplikation: Bezeichnung für eine Uhr, in die der Einbau einer außerordentlich großen Anzahl von Funktionen gelungen ist. Weist ein und dieselbe Uhr mehrere Komplikationen auf, so spricht man von einer „großen Komplikation".

Halbschwingung: Schwingende Bewegung eines Teiles von einem Ende seiner Bahn zum anderen. Zwei Halbschwingungen bilden eine Schwingung. In der Regel schwingt die Unruh einer Uhr mit 5 Halbschwingungen pro Sekunde, was 18 000 Halbschwingungen pro Stunde entspricht. Es gibt jedoch auch Werke mit höherer Schwingungszahl.

Hemmung: System zur gleichmäßigen Abgabe der auf die Unruh wirkenden Kraft. Es gibt die verschiedensten Hemmungen: Zylinderhemmung, freie Hemmung, Duplexhemmung usw..

Kalender: Scheiben, die mittels Drehbewegung in Fenstern oder auf Zählern den Tag, den Monat und eventuell auch das Jahr anzeigen.

Kaliber: Maß zur Bestimmung der Uhrwerksgröße. Die Kaliberangabe ermöglicht die exakte Identifikation eines bestimmten Werkes.

Komplikation: Zusatzfunktion neben der einfachen Zeitmessung. Auch als Bezeichnung für eine Uhr mit einer oder mehreren solcher Zusatzfunktionen verwendet.

Linie: Gängigste Maßeinheit für Uhrenkaliber. Eine Linie entspricht 2,555 mm.

Lünette, drehbare: Beweglicher, mit einer Einteilung versehener Ring, der oben auf dem Gehäuse montiert ist.

Manufaktur: Stätten zur Fertigung von Teilen für Uhrenwerke und -gehäuse sowie zu deren Montage. Der Begriff birgt einen gewissen Qualitätsanspruch.

Minutenrepetition: Gilt in Uhrmacherkreisen als die Komplikation der Komplikationen. Es handelt sich hierbei um ein System, bei dem sich durch einen Drücker oder Schieber das Läutwerk auslösen läßt. Besonders berühmt sind die Uhren mit Minutenrepetition von Audemars Piguet und Patek Philippe.

Mondphase: Anzeige der jeweiligen Phase des Mondes während seines monatlichen Zyklus', im allgemeinen in einem Fenster.

Rattrapante: Zweiter Sekunden- oder nachspringender Schleppzeiger, der sich unabhängig vom ersten bewegt. Chronographen mit Rattrapante ermöglichen die gleichzeitige Messung zweier Zeiten für ein und dasselbe Ereignis.

Rubine: Ausgesprochen harte, synthetische Steine, die die Abnutzung der Räderwerksteile verhindern. Je mehr Rubine in einem Uhrwerk verarbeitet sind, desto besser die Qualität.

Skala: Gradeinteilung auf dem Zifferblatt, der Lünette oder dem Gehäuse zur Messung von Geschwindigkeiten, Entfernungen usw.

Stundenzeichen: Zeichen auf dem Zifferblatt zur Anzeige der Stunden.

Tantal: Äußerst widerstandsfähiges, bläuliches Metall mit sehr hohem Schmelzpunkt.

Titan: Absolut korrosionsfestes, weißes Metall von extremer Beständigkeit.

Unruh: Schwingendes Rad, das die vom Räderwerk übertragene Kraft begrenzt. Zur Unruh gehört ferner eine Spiralfeder. Verschiedene Marken wie Rolex oder Patek Philippe haben Patente für ihre Unruhsysteme.

Zeitgleichung: Differenz zwischen echter Sonnenzeit und mittlerer Sonnenzeit, die durch die Exzentrizität der Erdumdrehung entsteht. Im Laufe des Jahres variiert die Zeitgleichung um etwa 16 Minuten. Uhren mit der Komplikation „Zeitgleichung" beinhalten ein System zur Korrektur dieser Differenz.

Danksagung

Für ihre wertvolle Hilfe danken wir:
Bernard Ravier von Audemars Piguet, Marie-Laure Rozan von Baume & Mercier,
Nathalie Luneau von Breguet, Caroline Pigeon und Laurence Phitoussi von Breitling,
Anne Aufort, Patricia Schiffbauer und Sylvie Sarrazin von Cartier,
Jocelyne Ruault von Hamilton, Longines und Omega, Catherine du Jeu von IWC,
Gisela Sagromski von A. Lange & Söhne, Christine Pasquier von Jaeger LeCoultre,
Marco Richon von Omega, Marie-Christine Blazin von Patek Philippe,
Didier Dauchy und Stéphanie Fleury von TAG Heuer,
Herrn Liebengut und Frau Ruffion von Zenith.

Bildnachweis

Für die Fotos stellte uns Jean Lassaussois Leihgaben aus den drei Pariser Filialen seines Geschäftes zur Verfügung. Sämtliche Aufnahmen für diesen Band stammen von Yvan Dutan, mit Ausnahme von: S. 24: Pressestelle von Audemars Piguet; S. 80 und 81: Pressestelle von A. Lange & Söhne; S. 104 und 105: Pressestelle von Patek Philippe.